V. Neitzel, K. Middeke

Praktische Qualitätssicherung in der Analytik

© VCH Verlagsgesellschaft mbH, D-69451 Weinheim (Bundesrepublik Deutschland), 1994

Vertrieb:

VCH, Postfach 10 1161, D-69451 Weinheim (Bundesrepublik Deutschland)

Schweiz: VCH, Postfach, CH-4020 Basel (Schweiz)

Großbritannien und Irland: VCH (UK) Ltd., 8 Wellington Court, Cambridge CB1 1HZ (England)

USA und Canada: VCH, 220 East 23rd Street, New York, NY 10010–4606 (USA)

Japan: VCH, Eikow Building, 10-9 Hongo 1-chome, Bunkyo-ku, Tokyo 113 (Japan)

ISBN 3-527-28686-1

Volkmar Neitzel, Klaus Middeke

Praktische Qualitätssicherung in der Analytik

Ein Leitfaden

VCH

Weinheim · New York · Basel
Cambridge · Tokyo

Dr. Volkmar Neitzel
Falterweg 26
D-45279 Essen

Klaus Middeke
Bonscheidter Straße 3
45259 Essen

Lektorat: Dr. Steffen Pauly
Herstellerische Betreuung: Claudia Grössl

Die Deutsche Bibliothek – CIP-Einheitsaufnahme
Neitzel, Volkmar:
Praktische Qualitätssicherung in der Analytik :
ein Leitfaden / Volkmar Neitzel ; Klaus Middeke
Weinheim ; New York ; Basel ; Cambridge ; Tokyo : VCH, 1994
ISBN 3-527-28686-1
NE: Middeke, Klaus:

© VCH Verlagsgesellschaft mbH, D-69451 Weinheim (Bundesrepublik Deutschland), 1994

Gedruckt auf säurefreiem und chlorfrei gebleichtem Papier.

Druck: betz-druck gmbh, D-64291 Darmstadt
Bindung: Wilhelm Röck GmbH, D-74189 Weinsberg
Printed in the Federal Republic of Germany

Vorwort

In analytischen Laboratorien werden vornehmlich Materialien hinsichtlich ihrer physikalischen Eigenschaften oder chemischen Zusammensetzung untersucht. Die durchgeführten Analysen führen zu einem Ergebnis, das sich in den meisten Fällen als Zahl angeben läßt. Die Richtigkeit und Präzision der Untersuchungsergebnisse werden durch verschiedene Fehlerquellen entlang des analytischen Prozesses beeinträchtigt.

Die große Datenflut in der Analytik, hervorgerufen durch halb- oder vollautomatisierte Meßvorgänge, konfrontiert die autorisierten Labormitarbeiter mit dem Problem, viele Meßwerte auf Plausibilität und Richtigkeit prüfen und validieren zu müssen. Eine wesentliche Voraussetzung für richtige, vergleichbare und justiziable Ergebnisse sind Maßnahmen zur Qualitätssicherung. Diese gehören – obwohl sie z. T. auf freiwilliger Basis durchgeführt werden – nicht etwa zum „Guten Ton" der Laborarbeit, sondern sind fester Bestandteil der Analytik. Die Meßwerte sind Grundlage für die Produktkontrolle von Chemikalien, Pharmazeutika, Lebensmitteln, Rohstoffen zur Energiegewinnung, Werkstoffen und dienen der Überwachung und Beurteilung unserer Umwelt. In der klinischen Chemie bilden Untersuchungsergebnisse die Basis für Diagnose und Therapie von Patienten. Qualitätssicherungsmaßnahmen sind daher aus ökonomischen Gründen und zur Erfüllung gesetzlicher Auflagen von jedem analytischen Laboratorium durchzuführen, um eine einwandfreie Analytik zu garantieren.

Die Qualitätssicherung beinhaltet u. a. Aspekte der Unternehmenspolitik, der Organisation, der Ergonomie, der Meßtechnik, der Statistik, der Produktbewertung, der Datenverarbeitung einschließlich -archivierung, der Schulung, der Bewertung von Ergebnissen und Maßnahmen sowie des Qualitäts-Audits. Für das Laborpersonal ist v. a. die praktische Seite der Qualitätssicherung von Interesse. Diese ist Gegenstand des vorliegenden Buches. Die Autoren sind in einem Laboratorium für Wasser-, Abwasser- und Schlammanalytik tätig und haben langjährige Erfahrung mit der laborübergreifenden Qualitätssicherung.

In Kapitel 1 wird Hintergrundwissen über die Qualitätssicherung in der Analytik vermittelt. Dazu gehören u. a. die Teilschritte des analytischen Prozesses mit ihren Fehlermöglichkeiten und Maßnahmen zur Verbesserung und Sicherung der Qualität des Prozesses.

Das Gebiet der Qualitätssicherung beinhaltet viele Begriffe, die z. T. auch im allgemeinen Sprachgebrauch vorkommen. Sie unterscheiden sich aber in ihrer Bedeutung und bedürfen einer eindeutigen Definition. Inhalt des Kapitels 2 sind Begriffe zur Qualitätssicherung sowie Normen und Vorschriften, auf die sie sich stützen.

Die im Rahmen der Qualitätssicherung durchzuführenden Arbeiten sind nicht nur nötig, um richtige und genaue Analysenwerte zu gewährleisten, sondern sie können für Laboratorien, die GLP-konform arbeiten oder die sich akkreditieren lassen müssen, zwingend notwendig sein. Gegenstand des Kapitels 3 sind Aspekte der Qualitätssicherung im Rahmen der Akkreditierung.

In Kapitel 4 werden Gesetze, Verordnungen und Richtlinien angesprochen, in denen Maßnahmen zur Qualitätssicherung verankert sind. Einige Analysenvorschriften beinhalten neben den analytischen Voraussetzungen, der Meß- und Auswertevorschrift auch durchzuführende Qualitätssicherungsmaßnahmen. Diese sind ebenfalls Gegenstand des Kapitels 4.

Die praktische Qualitätssicherung in einem Laboratorium stützt sich auf ein entsprechendes System organisatorischer Maßnahmen, personeller, gerätetechnischer und bautechnischer Voraussetzungen. Kapitel 5 beschäftigt sich mit dem Aufbau und der Organisation des Qualitätssicherungssystems, mit der Arbeit des Beauftragten für Qualitätssicherung und den laborinternen sowie externen Qualitätssicherungsmaßnahmen.

Wesentlicher Bestandteil der laborinternen Qualitätssicherung ist ein Qualitätssicherungshandbuch, in dem das gesamte Qualitätssicherungssystem beschrieben wird und das als ständige Bezugsgrundlage für die Realisierung und Aufrechterhaltung dieses Systems dient. Kapitel 6 beschreibt ausführlich den Aufbau eines solchen Handbuchs anhand praktischer Beispiele.

Laboratorien führen ihre Untersuchungen gemäß vorgegebener Methoden – oft DIN-Vorschriften – durch. Diese geben den Rahmen für die zu verwendenden Geräte, Reagentien, Auswertevorschriften sowie die Ergebnisangabe vor, sind aber für die in einem Labor durchzuführenden Tätigkeiten nicht detailliert genug. Die genaue Beschreibung der Tätigkeiten erfolgt in Standardarbeitsanweisungen. Diese sind Gegenstand des Kapitels 7.

Mit den Möglichkeiten der EDV-gestützten Qualitätssicherung beschäftigt sich Kapitel 8. Hier werden spezielle Programme und rechnergestützte Methoden zur Aufnahme und Bewertung von Daten behandelt, die im Rahmen der Qualitätssicherung gewonnen wurden. Ein weiterer Themenkreis ist die Abbildung der laborinternen Qualitätssicherung in Labor-Informations- und -Management-Systemen.

Die Maßnahmen der Qualitätssicherung sollen möglichst zeitnah Auskunft über den aktuellen Zustand eines Meßverfahrens geben. Sie bedürfen einer sofortigen Bewertung und ggf. einer Reaktion. Auswertungen längerer Zeitreihen von Daten geben im Nachhinein wichtige Aufschlüsse, die für die zukünftige Arbeit bedeutungsvoll sein können. Entsprechende Auswertungen anhand praktischer Daten sind Gegenstand des Kapitels 9.

In Kapitel 10 werden Perspektiven, Kosten und Akzeptanzprobleme der Qualitätssicherung in der Analytik behandelt. Das vorliegende Buch stellt v. a. die praktische Seite der Qualitätssicherung in den Vordergrund und soll Probleme und deren Lösungsmöglichkeiten aufzeigen. Die behandelten Themen informieren den Leser über die Arbeit der Qualitätssicherung, die in einer Zeit, in der diese Arbeit zunehmend von der Kür zur Pflicht wird, an Bedeutung gewinnt.

Essen, Juni 1994
Volkmar Neitzel
Klaus Middeke

Inhalt

1 Einleitung

1.1 Einführung

Der Begriff *Qualität* entstammt dem lateinischen *qualitas* und bedeutet soviel wie Beschaffenheit, Verhältnis oder Brauchbarkeit [1.1]. In der Philosophie wird zwischen Eigenschaften von Dingen unterschieden, die meßbar sind – sie werden nach Aristoteles als *objektiv* oder nach Locke als *primär* bezeichnet – und solchen, die insbesondere durch sinnliche Wahrnehmung eingestuft werden. Farbe, Geruch oder Härte eines Gegenstandes unterliegen der subjektiven Empfindung des Betrachters und sind keine „wirklichen" sondern lediglich induzierte bzw. sekundäre Eigenschaften.

In ähnlicher Form wird der Begriff Qualität im Zusammenhang mit der Beurteilung von Produkten (Gegenständen, Dienstleistungen, Programmen, Ideen) verwendet. Die Beschaffenheit eines Produktes läßt sich objektiv messen und quantifizieren (z. B. in Form der chemischen Reinheit, der physikalischen Eigenschaften oder der Maßhaltigkeit eines Maschinenteils). Die Meßwerte, aber auch zusätzliche nicht quantifizierbare Eigenschaften, ermöglichen es, ein Produkt zu beurteilen, dessen Wert (Qualität) subjektiv, d. h. abhängig vom Markt eingestuft wird.

Da der Qualitätsbegriff in verschiedenen Bereichen des Lebens mit unterschiedlicher Bedeutung gebraucht wird, bedarf es einer eindeutigen Definition dieses Begriffs. Nach DIN 55350 Teil 11 [1.2] versteht man unter Qualität die Gesamtheit von Eigenschaften und Merkmalen eines Produktes oder einer Tätigkeit, die sich auf die Eignung zur Erfüllung gegebener Erfordernisse beziehen. Unter *Produkt* ist jede Art von Ware, Rohstoffen aber auch der Inhalt von Konzepten und Entwürfen zu verstehen. Eine *Tätigkeit* ist z.B. jede Art von Dienstleistung, aber auch ein maschineller Arbeitsablauf, wie ein Verfahren oder ein Prozeß. Die *Erfordernisse* ergeben sich aus dem Verwendungszweck des Produktes oder dem Ziel der Tätigkeiten unter Berücksichtigung der Realisierungsmöglichkeiten.

In der Analytik werden Proben hinsichtlich ihrer Inhaltsstoffe oder ihrer physikalischen, chemischen sowie biologischen Eigenschaften untersucht. Die Untersuchungsergebnisse – ob qualitativ oder quantitativ – sind im Sinne der DIN 55350 Merkmale des Produktes „Probe". Im Rahmen einer *Produktkontrolle* geben die Analysenwerte Auskunft über die Produktqualität. Die Arbeit (oder das Produkt) analytischer Laboratorien – und um die geht es in den nachfolgenden Ausführungen – ist die Abfolge aller analytischen Teilschritte bis hin zum Untersuchungsergebnis. Unter Qualität wird in diesem Zusammenhang die Güte der Analysenwerte, d. h. ihre *Richtigkeit* (Übereinstimmung mit dem wahren Wert) und *Präzision* (Übereinstimmung von Ergebnissen bei wiederholter Anwendung eines festgelegten Analysenverfahrens) verstanden. Die nachfolgenden Betrachtungen stützen sich ausschließlich auf den Qualitätsbegriff der DIN 55350.

Um eine gleichmäßige Produktqualität zu gewährleisten, bedarf es unternehmensweiter *Qualitätskontrollen*. Die betreffenden Maßnahmen dienen zunächst dazu, die interessierenden Kenngrößen eines Produktes (z. B. die Richtigkeit der Analysenwerte) zu untersuchen und zu prüfen, ob sie den jeweiligen gesetzten Zielwerten mit ihren tolerierbaren Grenzen entsprechen. Ist dies nicht der Fall, muß die Ursache der Abweichung ergründet und beseitigt werden. Die festgelegte innerbetriebliche Aufbau- und Ablauforganisation und alle nötigen Maßnahmen bilden ein System zur *Qualitätssicherung*.

Der Begriff Qualitätssicherung wird – auch als Teilbegriff – in den nachfolgenden Ausführungen häufig gebraucht und soll ersatzweise auch durch das Kürzel **QS** repräsentiert werden. Für die QS in der Analytik hat sich in der Literatur die Bezeichnung „analytische Qualitätssicherung" oder kurz **AQS** eingebürgert [1.3 bis 1.6]. Das Adjektiv „analytisch" bedeutet soviel wie zergliedernd, zerlegend, durch logische Zergliederung entwickelnd [1.7] und wird in diesem Sinn gebraucht, wenn beispielsweise von analytischer Chemie, analytischer Philosophie, analytischer Psychologie oder analytischer Statistik gesprochen wird. Auch wenn die analytische Qualitätssicherung z. T. Sachverhalte der Laborarbeit analysiert, ist ihr Tätigkeitsschwerpunkt doch ein anderer. Mit dem Begriff AQS, der im Sprachgebrauch durchaus griffig ist, wird aber die **Qualitätssicherung in der Analytik** gemeint und sollte nach Meinung der Autoren nicht verwendet werden, da der Gemeinschaftsausschuß „Qualitätssicherung und angewandte Statistik" des Deutschen Instituts für Normung e. V. (DIN) und der Deutschen Gesellschaft für Qualität e. V. (DGQ) ebenfalls die Kurzbezeichnung AQS trägt [1.8].

Solange wie analytische Arbeiten in Laboratorien durchgeführt werden, wenden die betroffenen Mitarbeiter Techniken an, um zu prüfen, ob ihre Analysenwerte richtig und mit den Werten anderer Laboratorien vergleichbar sind sowie eine möglichst geringe Streuung aufweisen. Es ist daher nicht möglich, einen genauen Ursprung der QS in der Analytik zu definieren. Eine systematische Behandlung dieses Themas hat aber erst eingesetzt, seit damit begonnen wurde, Qualitätsnormen für Laboruntersuchungen zu schaffen, die unter der Bezeichnung *Gute Laborpraxis* oder kurz GLP bekannt sind.

Ende der 60ger, Anfang der 70ger Jahre deckte die Food and Drug Administration (FDA) in einigen amerikanischen Pharmaunternehmen und mehreren Auftragsinstituten erhebliche Unregelmäßigkeiten und Mängel in Berichten zu toxikologischen Untersuchungen und Tierversuchen auf. Diese führten 1975 zu den *Kennedy Hearings*, deren Inhalt die schlechte Qualität der Prüfungsdurchführung von Untersuchungen für die menschliche Gesundheit war. Aufgrund der festgestellten Mängel wurde ein Regelwerk erarbeitet, das die formalen Rahmenbedingungen, unter denen Prüfungen von chemischen Stoffen zu planen, durchzuführen, zu überwachen und zu berichten sind, festlegt. 1979 erfolgte die Einführung des Regelwerks „GLP" in den USA. In der EG-Richtlinie (87/18/EWG) vom 18.12.86 [1.9] wurden die Grundsätze der Guten Laborpraxis für den europäischen Kontinent übernommen. Die Übernahme in deutsches Recht erfolgte 1990 im Chemikaliengesetz [1.10].

Die Grundsätze der Guten Laborpraxis beinhalten als einen wesentlichen Eckpfeiler ein Qualitässicherungsprogramm, dessen Zielsetzung allerdings eine andere ist, als bei den Maßnahmen zur QS in der Analytik. Im Rahmen der GLP hat die QS folgende Arbeiten auszuführen:

– Unterlagen über die Qualifikation des Personals prüfen,
– durchzuführende Überprüfungen planen,
– Prüfpläne überprüfen,
– Korrektheit der durchgeführten Arbeiten von der Probenahme bis zum Abschlußbericht prüfen,
– Kurzzeitprüfungen überwachen,
– Einhaltung der Standardarbeitsanweisungen prüfen,
– Überprüfung des Einsatzes von Validierungsmaßnahmen an on-line Datener-fassungssystemen,
– Bericht über die durchgeführten Prüfungen anfertigen.

Es geht also nur darum, die Korrektheit der formalen Abläufe, nicht aber deren Inhalt zu prüfen. Gemessene Analysenwerte müssen im Sinne der GLP nicht notwendigerweise richtig sein, aber immer in gleicher Weise gemessen werden. Im Gegensatz dazu ist es Ziel der QS in der Analytik, zuverlässige Analysenergebnisse definierter Qualität zu gewährleisten.

Vom Deutschen Verein des Gas- und Wasserfachs (DVGW) wurde die Wasser-Information 31 herausgegeben [1.6], in der die Regelungsinhalte von GLP und QS in der Analytik gegenübergestellt sind (Tabelle 1-1). Daraus geht hervor, daß Qualitätssicherung in der Analytik darauf abzielt, richtige, genaue, reproduzierbare, vergleichbare, plausible und somit justiziable Meßwerte zu erzeugen, wobei die dazu notwendigen Maßnahmen bei der Probenahme beginnen, die Probenkonservierung, -vorbereitung, Messung und Auswertung beinhalten und bei der Berichterstellung sowie der Ergebnisarchivierung enden.

Tabelle 1-1. Zusammenstellung der Regelungsinhalte von GLP und QS in der Analytik.

GLP	QS in der Analytik
Voraussetzungen für die Prüfeinrichtung	
Personelle, apparative und räumliche Voraussetzungen zur qualifizierten Durchführung der Analyse, in der Regel 3 Akademiker und Laborpersonal.	Personelle, apparative und räumliche Voraussetzungen zur qualifizierten Durchführung der Analyse, mindestens 3 Personen (inkl. Laborleiter).
Aufzeichnung über Aus- und Fortbildung von Mitarbeitern.	Gewährleistung einer regelmäßigen Fort- und Weiterbildung von Mitarbeitern.
Arbeitsvorschriften	
Vorliegen von genauen, detaillierten Arbeitsvorschriften für Probenahme, Analyse, Auswertung, Dokumentation und Archivierung.	Vorliegen von genauen, detaillierten Arbeitsvorschriften für Probenahme, Analyse, Auswertung, Dokumentation und Archivierung.

Vorliegen von
– Prüfplänen bzw. Analysenplänen
– Arbeitsvorschriften für
  – den Umgang mit Geräten
  – den Umgang mit Proben und Chemikalien
  – Datenaufzeichnung
  – Indexierung
  – Archivierung	

Durchführung der Untersuchungen	
Durchführung aller Untersuchungen unter Einhaltung der jeweiligen Arbeitsvorschriften.	Durchführung aller Untersuchungen unter Einhaltung der jeweiligen Arbeitsvorschriften.
Dokumentation und Archivierung	
Datenaufzeichnung, dokumentierte Auswertung der Rohdaten von der Beurteilung bis zum Bericht.	Datenaufzeichnung, dokumentierte Auswertung der Rohdaten von der Beurteilung bis zum Bericht.
Führen von Aufzeichnungen über Wartung, Kalibrierung, Analysengänge usw. Aufbewahrungspflicht für: – Aufzeichnungen 30 Jahre (auch Disketten) – Proben 12 Jahre	Aufbewahrungspflicht für: – Aufzeichnungen 3 - 5 Jahre, je nach Bundesland

Tabelle 1-1. Fortsetzung.

GLP	QS in der Analytik
Qualitätssicherung	
ständige Überprüfung bzw. Inspektion auf formale Einhaltung der GLP-Grundsätze durch unabhängige Dritte (QS-Programm)	– problemorientierte Kalibrierung
	– Führen von Kontrollkarten
	– ständige Prüfung v. Verfahrenskenngrößen
	– Plausibilitätsprüfungen
	– statistische Auswertungen
	– interne Qualitätssicherung
	– externe Qualitätssicherung (Ringversuche)
	– fachliche Überprüfung durch Laborleiter

1.2 Der analytische Prozeß

Die Arbeit analytischer Laboratorien hängt davon ab, wie es in die Betriebsorganisation einer Firma oder eines Instituts eingebettet ist. Sie kann sich im einfachsten Fall auf die reine Untersuchung eines Probenguts beschränken, auf der anderen Seite bei der Planung der Probenahme beginnen, die Probenahme, Probenkonservierung, Probenvorbereitung, Messung sowie Auswertung umfassen und bei der Bewertung der Analysenergebnisse enden. Die durchzuführenden Maßnahmen zur Qualitätskontrolle müssen hinsichtlich ihres Umfangs und Ansatzpunktes auf die jeweiligen Aufgaben des Labors zugeschnitten sein. Aber auch dann, wenn sich die Laborarbeit nur auf die Analytik beschränkt, müssen unternehmensweit alle ihr vor- und nachgelagerten Arbeiten von QS-Maßnahmen begleitet werden.

In Abb. 1-1 sind die Teilschritte eines analytischen Prozesses in stark vereinfachter Form dargestellt. Am Anfang jeder analytischer Arbeit steht immer eine übergeordnete Fragestellung, also ein Wissensdefizit, das durch gezielte Untersuchungen behoben werden soll. Aus Gründen der Vereinfachung wird das Gesamtprojekt in überschaubare Einzelaufgaben aufgeteilt. Zur Lösung einer Einzelaufgabe ist zunächst eine *Meßstrategie* zu erstellen. Dazu gehört es,

- das Probenahmegut auszuwählen,
- den Zeitpunkt und die Häufigkeit der Probenahme festzulegen,
- den Ort der Probenahme zu bestimmen,
- die Probenahmetechnik festzulegen und
- das geeignete Analysenverfahren auszuwählen.

Oft sollen die gemessenen Analysenwerte statistisch ausgewertet werden, was voraussetzt, daß das Datenmaterial (z.B. die Meßhäufigkeit) gemäß den Vorgaben des Auswertealgorithmus erstellt wurde. Wenn bereits Vorkenntnisse vorliegen, können mit Hilfe statistischer Methoden die örtlichen und zeitlichen Vorgaben zur Probenahme berechnet werden. Erfahrungsgemäß wird oft ein Kompromiß geschlossen zwischen den hohen Vorgaben der Statistik und dem vertretbaren Aufwand.

Als nächstes erfolgt die Probenahme, aus der das Probenahmegut, die sogenannte *Urprobe*, hervorgeht. Diese sollte für eine gültige spätere Aussage möglichst repräsentativ sein. Häufig ist es erforderlich, das Probenahmegut zu konservieren und in geeigneter Weise zum Labor zu transportieren. Durch entsprechende Vorbehandlungsschritte wird aus der Urprobe die *Meßprobe* hergestellt und anschließend dem Meßvorgang unterworfen. Hier wirken physikalische, chemische oder biochemische Einflußgrößen auf die Meßprobe ein und veranlassen diese zu einer Reaktion. Dabei handelt es sich um die Veränderung einer meßbaren Größe, die allgemein als *Signal* bezeichnet wird. Das Signal kann eine *Verfälschung* oder *Störung* durch die *Probenmatrix* und *apparative Einflüsse* erfahren und gelangt ggf. in verrauschtem Zustand in den *Detektor*. Hier wird es in eine *Meßgröße* umgewandelt. Diese muß mittels geeigneter Algorithmen, also *Eichfunktionen* oder komplizierterer Verfahren, in den eigentlichen *Analysenwert* umgerechnet werden.

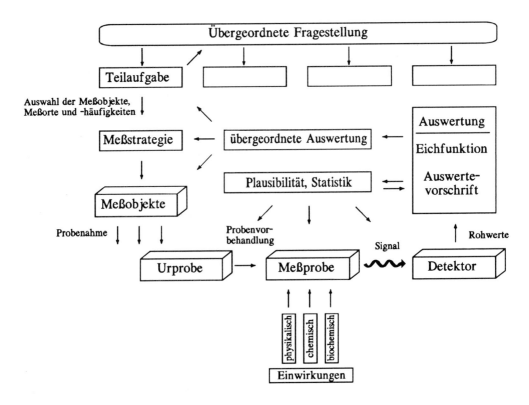

Abb. 1-1. Teilschritte des analytischen Prozesses.

Um Analysenergebnisse abzusichern, sind sachlogische Tests – sogenannte *Plausibilitäts-prüfungen* – erforderlich sowie *Qualitätskontrollen* und *Mehrfachbestimmungen*, für die der gesamte Analysenvorgang vollständig und unabhängig durchlaufen werden muß. Es soll an dieser Stelle darauf hingewiesen werden, daß die zur QS in der Analytik notwendigen Arbeiten bis zu 30 % der Laborkapazität umfassen können. Da analytische Arbeit aber schon immer von Maßnahmen zur QS begleitet wurde, z.B. bei der Kalibrierung von Meßgeräten, bedeutet ein umfassendes und konsequentes QS-Programm gegenüber der bisherigen Tätigkeit sicherlich eine Mehrarbeit im Labor, jedoch weit weniger als 30 %.

Die Probenahme ist essentieller Bestandteil des analytischen Prozesses. Fehler, die hier gemacht werden – und sie können im Vergleich zu denen der Probenvorbereitung und Mes-sung beträchtlich sein – lassen sich in den Folgeschritten nicht korrigieren. Die Maßnahmen der QS müssen daher bei der Probenahme beginnen. Zu den wesentlichen Aspekten gehören

- die Auswahl der Probenahmestelle (Repräsentanz),
- Art, Homogenität und Umfang des Probenahmeguts,
- Probenahmetechnik,
- geeignete Probenahmegefäße (Material, Dichtheit, Reinheit) und
- Kennzeichnung der Gefäße (Etiketten, Beschriftung, Begleitblätter).

Der Probenahme schließt sich ggf. eine notwendige *Konservierung* an. Im Rahmen der QS ist – sofern dies nicht die Analysenvorschrift vorgibt – nach geeigneten Konservierungs-möglichkeiten zu suchen und in der Praxis zu prüfen, für welchen Zeitraum die zu unter-suchenden Proben stabilisiert werden können und welcher Fehler zeitabhängig auftritt.

Anläßlich der analytischen Arbeit, die bei der Überführung der Urprobe in die Meßprobe einsetzt, beginnen die laborinternen Maßnahmen zur QS. Im einfachsten Fall sind die Meß-geräte zu kalibrieren, Standards bekannten Gehaltes sowie Proben ohne den zu bestimmenden Stoff – sogenannte Blindwerte – in die Meßserien zu integrieren und dem Meßvorgang zu unterwerfen. Die Messungen sind von fachlich ausgebildetem Personal auszuführen, das nach vorherigem Training ausreichend erfahren ist. In den meisten Fällen existieren Analysenvor-schriften, nach denen die Probenvorbehandlung, Messung, Auswertung und Ergebnisangabe zu erfolgen hat.

Mit Hilfe geeigneter Maßnahmen zur Qualitätssicherung kann sichergestellt werden, daß der Meßvorgang gemäß vorgegebenen Randbedingungen erfolgt. Blindwerte geben z.B. Auskunft über Kontaminationen von Reagenzien, Standards zeigen zusätzlich Veränderungen in der Empfindlichkeit des Meßvorgangs an. In aufgestockten Proben läßt sich die Wiederfindung einer vorgegebenen Stoffmenge bestimmen, mittels Mehrfachbestimmungen kann die Präzision der Messung überprüft werden. Die hier nur beispielhaft aufgeführten Maßnahmen ermöglichen es, die Qualität der Messungen zu prüfen, damit bei nicht zufriedenstellenden Befunden die Meßserie verworfen und die Ursache der mangelnden

Qualität ergründet werden kann. Innerhalb des analytischen Prozesses findet somit eine Rückkopplung zwischen Messungen und Maßnahmen zur Qualitätssicherung statt, deren Ziel eine ausreichende „Prozeßstabilität" ist.

In Abb. 1-2 ist dargestellt, an welchen Stellen des analytischen Prozesses Maßnahmen zur Qualitätssicherung durchgeführt werden. Sie betreffen nicht nur das *Analysenprinzip* (die Messung), sondern ziehen sich durch die *Analysenmethode*, ja sogar durch das gesamte *Analysenverfahren*, d. h. die detaillierte Abfolge aller zur Analytik notwendigen Teilschritte. In der Literatur werden die Begriffe Analysenmethode und Analysenverfahren nicht einheitlich verwendet. Während FUNK et al. [1.4] und GOTTSCHALK [1.11] das Analysenverfahren als Teilmenge der Analysenmethode verstehen, vertritt SCHWEDT [1.12] die genau entgegengesetzte Meinung. Die Autoren des vorliegenden Buches vertreten wie SCHWEDT die Ansicht, daß ein Analysenverfahren – wie in vielen DIN-Vorschriften festgelegt – alle Arbeitsschritte umfaßt, eine Analysenmethode (wie die Potentiometrie, Chromatographie oder Spektrometrie) die Probenahme und einen Teil der Probenvorbereitung sowie der Auswertung nicht mit umfaßt.

Abb. 1-2. Maßnahmen zur Qualitätssicherung in der analytischen Arbeit.

1.3 Analysenverfahren und Qualitätssicherung

Die Arbeit analytischer Laboratorien basiert auf Untersuchungsverfahren, die vor ihrer routinemäßigen Anwendung methodisch zu erarbeiten sind. FUNK et al. [1.4] gehen in ihren Ausführungen von einem 4-Phasen-Modell aus, nach dem sowohl die einzelnen Verfahrensschritte, als auch die erreichbare Qualität der Meßwerte entwickelt und verifiziert werden.

In *Phase 1* gilt es, ein neues, insbesondere kalibrierbedürftiges Analysenverfahren hinsichtlich seiner Brauchbarkeit und Leistungsfähigkeit zu prüfen, zu optimieren und alle notwendigen Qualitätsmerkmale wie

- Arbeitsbereich,
- Linearität,
- Präzision,
- Empfindlichkeit,
- Verfahrensstandardabweichung,
- Nachweis- und Bestimmungsgrenze

zu quantifizieren.

Inhalt der *Phase 2* ist ein Test des Analysenverfahrens in der praktischen Anwendung. Dies geschieht durch das Laborpersonal auch mit matrixbehafteten Proben, um Störungen, Interferenzen und die Praktikabilität der Arbeitsschritte festzustellen. Weiterhin sind Qualitätsregelkarten vorzubereiten und die zu ihrer späteren Führung nötigen Vorlaufmessungen durchzuführen.

Im Rahmen der *Phase 3* geht es darum, die Qualität eines Analysenverfahrens in der Routine laufend zu prüfen und zu dokumentieren. Dies bezieht sich nicht nur auf die reine Analytik sondern auch auf alle vor- und nachgeschalteten Arbeitsschritte und Arbeitsmittel. Es handelt sich um

- die Laborausstattung (Räume, Klimatisierung, Ver- und Entsorgung, Sicherheit),
- das Personal (Anzahl, fachliche Ausbildung, ausreichende Weiterbildung),
- die Geräte (Alter, Wartung, Reparaturen, Kalibrierung, Handbücher) und
- die Materialien (Glasgeräte, Chemikalien, Referenzsubstanzen).

Die Routine-Qualitätskontrolle umfaßt Qualitätsregelkarten für die Richtigkeit und Präzision. Zur Überprüfung der *Richtigkeit* verwendet man

- Blindwert-Regelkarten,
- Mittelwert-Regelkarten und
- Wiederfindungsrate-Regelkarten,

die *Präzision* wird mittels

- Range-Regelkarten und
- Standardabweichungs-Regelkarten

kontrolliert. Um *Matrixeffekte*, d. h. Störungen durch die Begleitstoffe in einer Probe während der Analyse, zu vermindern, verwendet man das Verfahren der *Standardaddition*. Die aufgeführten Punkte werden in Kapitel 5 ausführlich abgehandelt.

Neben den laborinternen Maßnahmen zur Qualitätssicherung sind auch externe Aktivitäten notwendig, um sicherzustellen, daß die bestimmten Analysenwerte mit denen anderer Laboratorien vergleichbar sind. Inhalt der *Phase 4* sind im wesentlichen *Ringversuche*, in denen von einem Organisator an verschiedene Laboratorien Proben (synthetische, natürliche, aufgestockte) zur Analyse geschickt und die rücklaufenden Ergebnisse ausgewertet werden. Ringversuche dienen dazu,

- Analysenverfahren zu standardisieren sowie
- die Laborarbeit zu überwachen.

Die Organisation und Auswertung von Ringversuchen kann nach

- DIN-ISO 5725 [1.13],
- DIN 38402 A-41 und A-42 [1.14]
- nach Youden [1.15] sowie
- mittels robuster Statistik

erfolgen. In Kapitel 9 wird näher auf dieses Thema eingegangen.

1.4 Konzept einer umfassenden Qualitätssicherung

Qualitätssicherung in der Analytik ist nur dann als umfassend einzustufen, wenn das betreffende Labor ein eigenständiges Unternehmen ist. Arbeitet das Labor als Teilbereich einer Firma, ist es erforderlich, die Aufwendungen für QS-Maßnahmen auf alle Unternehmensbereiche auszudehnen. Dies bezeichnet man als *Total Quality Management* (TQM).

Nach GRAP und OTZIPKA [1.16] umfaßt das QS-System die Teile *Qualitätsplanung, Qualitätsprüfung, Qualitätslenkung und Qualitätsmanagement*. Die Funktionsweise des Regelkreises der aufgezählten Komponenten ist in Abb. 1-3 schematisch dargestellt.

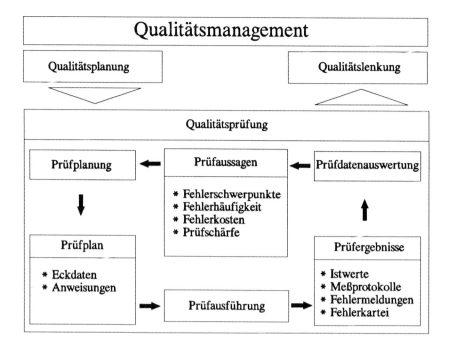

Abb. 1-3. Regelkreis eines Qualitätssicherungssystems.

Im Rahmen der Qualitätsplanung ist festzulegen, welche Werte für Qualitätsmerkmale tolerabel und welche qualitätssichernden Maßnahmen durchzuführen sind. Die QS-Planung umfaßt

– personelle Zuständigkeiten,
– verwendete Materialien und Geräte,
– Art, Häufigkeit und Umfang der durchzuführenden QS-Arbeiten,
– Vorgaben zur Prüfung der Ergebnisse,
– Maßnahmen bei nicht akzeptablen Ergebnissen und
– Dokumentation aller Maßnahmen und Ergebnisse.

Im Prüfplan werden alle Teilschritte und Eckdaten vorgegeben. Gemäß diesem Plan erfolgt die Ausführung der Prüfung, aus der die Prüfergebnisse hervorgehen. Diese sind gegen Sollwerte zu prüfen, auszuwerten und zu bewerten. Die Prüfaussagen sind Grundlage der Qualitätslenkung, die sowohl kurzfristige Reaktionen zur Verbesserung der Arbeiten herbeiführen, als auch langfristig orientierte Auswertungen ermöglichen sollen. Hierdurch sind Fehler zu erkennen, zu bewerten, ihre Ursache zu ermitteln und zukünftig zu vermeiden. Damit schließt sich der Regelkreis.

Zur Bewertung des gesamten QS-Systems ist es zweckmäßig, eine Checkliste zu erstellen. Diese beteht aus den zu beurteilenden Kriterien und dem jeweiligen Erfüllungsgrad. Nachfolgend sind die wesentlichen Punkte einer solchen Checkliste, bezogen auf ein Laboratorium, zusammengestellt.

- Ziele
    - richtige und präzise Analysenergebnisse
    - vergleichbare Werte mit anderen Laboratorien
    - umfassende Dokumentation zur Rückverfolgung aller Daten

- Voraussetzungen
    - ausreichendes und qualifiziertes Personal
    - geeignete Räumlichkeiten
    - geeignete Geräte
    - geeignete Materialien (Chemikalien, Referenzsubstanzen)
    - entsprechende Arbeitsanweisungen
    - schriftliche Analysenvorschriften für jede Kenngröße
    - Vorgaben für Geräte, Lösungen, Verfahrenskenndaten, Arbeitsbereiche
    - ausreichender Arbeitsschutz und Sicherheitsvorkehrungen
    - Sicherheitsvorschriften
    - vorschriftsmäßige Entsorgung (Abfall, Abwasser, Chemikalien, Glas u. a.)
    - Regelung der Verantwortlichkeiten (QS, Vertretungen u. a.)

- Aufgaben des Personals
    - Beachtung der Arbeitsanweisungen
    - regelmäßige Überprüfung, Reinigung und Wartung der Geräte
    - regelmäßige Kalibrierung der Geräte
    - korrekte Aufzeichnung aller Meßdaten
    - Aufzeichnung der Überprüfungsmaßnahmen
    - Einhaltung der Sicherheitsvorschriften
    - sachgemäße Behandlung und Beseitungung von Abfällen und Abwässern

- Qualitätsprüfung
    - Führen von Qualitätsregelkarten
    - Verwendung von Referenzsubstanzen
    - Durchführung laborinterner Ringversuche
    - Teilnahme an externen Ringversuchen
    - Archivierung aller Daten

1.5 Literatur

[1.1]   Meyers Enzyklopädisches Lexikon, Bd. 19. Mannheim: BI 1981

[1.2]   DIN 55350 Teil 11: Begriffe der Qualitätssicherung und Statistik. Grundbegriffe der Qualitätssicherung (September 1990)

[1.3]   LWA-Merkblätter Nr. 11, „Analytische Qualitätssicherung (AQS) für die Wasseranalytik in NRW". Essen: Wöste, 1992

[1.4]   Funk, W.; Dammann, V.; Donnevert, G.: *Qualitätssicherung in der Analytischen Chemie*. Weinheim: VCH, 1992

[1.5]   Ministerium für Umwelt: Jahresberichte der Wasserwirtschaft und der Abfallwirtschaft der Länder 1990. In: *Wasser + Boden* **6**, 367-369 (1991)

[1.6]   Qualitätssicherung in Wasserlaboratorien GLP oder AQS. In: *DVGW, Wasser-Information* **31,** Ausgabe 12/91

[1.7]   Meyers Enzyklopädisches Lexikon, Bd. 2. Mannheim: BI 1981

[1.8]   DIN 55350 Teil 12: Begriffe der Qualitätssicherung und Statistik. Merkmalsbezogene Begriffe (März 1989)

[1.9]   EG-Richtlinie vom 18.12.1986 (87/18/EWG), Richtlinie des Rates zur Angleichung der Rechts- und Verwaltungsvorschriften für die Anwendung der Grundsätze der Guten Laborpraxis und zur Kontrolle ihrer Anwendung bei Versuchen mit chemischen Stoffen. ABL Nr. L 15/29

[1.10]   Gesetz zum Schutz vor gefährlichen Stoffen (Chemikaliengesetz), 14.3.90 BGBl. I, **19a bis 19d**, 521 (1990)

[1.11]   Gottschalk, G.: Standardisierung quantitativer Analysenverfahren. In: *Fres. Z. Anal. Chem.* **275**, 1-10 (1975)

[1.12]   Schwedt, G.: *Taschenatlas der Analytik*. Stuttgart: Thieme Verlag, 1992

[1.13]   DIN-ISO 5725: Bestimmung von Wiederholbarkeit und Vergleichbarkeit durch Ringversuche (November 1981) - z. Zt. auf ISO-Ebene in Überarbeitung

[1.14]   DIN 38 402 Teil 41: Allgemeine Angaben - Ringversuche, Planung und Organisation
(Mai 1984)
DIN 38 402 Teil 42: Allgemeine Angaben - Ringversuche, Auswertung (Mai 1984)

[1.15]   Youlden, W.J. und Steiner, E.H.: Statistical Manual of the Association of Official
Analytical Chemists; AOAC-Publication, 2. Ausgabe (1979)

[1.16]   Grap, R. und Otzipka, J.: Checklisten zur Beurteilung von Qualitätslaboratorien im
Rahmen eines umfassenden Qualitätskonzeptes. In: *CLB* **41**, 208-217 (1990)

2 Begriffe und Normen

2.1 Vorbemerkungen

Das Thema „Qualitätssicherung in der Analytik" nimmt in der praktischen Laborarbeit einen immer breiter werdenden Raum ein. Die leitenden aber auch die ausführenden Labormitarbeiter müssen sich mit einer Flut von Begriffen und Vorschriften auseinandersetzen. Viele dieser Begriffe entstammen der DIN, der DIN ISO und der DIN EN. Im Rahmen dieses Kapitels werden die wesentlichen Begriffe und Normen besprochen und mit Beispielen aus der Laborarbeit veranschaulicht.

Begriffe der Qualitätssicherung werden in mehreren Teilen der DIN 55350 definiert. In diesen Normen geht es in erster Linie um allgemeine Definitionen, die nicht so eng gefaßt sind, daß sie nur für spezielle Arbeitsbereiche gelten. Es ist vielmehr das Ziel, alle an der Norm interessierten Bereiche gleichermaßen zu berücksichtigen. Die DIN 55350 Teil 11 [2.1] erläutert Grundbegriffe der Qualitätssicherung. In Teil 12 dieser DIN [2.2] kommen merkmalsbezogene Begriffe zur Sprache. Genauigkeitsbegriffe werden schließlich in Teil 13 der DIN 55350 [2.3] definiert.

Ein unternehmensweit oder auch nur laborweit greifendes Qualitätssicherungssystem setzt bestimmte Maßnahmen, organisatorische Abläufe und Vereinheitlichungen voraus. Das Regelwerk DIN ISO 9000 bis 9004 behandelt den Themenkreis in abgestufter Weise. Die DIN ISO 9000 [2.4] gibt einen Leitfaden zur Auswahl und Anwendung der Norm. In den Normen DIN ISO 9001 [2.5] und 9002 [2.6] werden Nachweisstufen zur Entwicklung, Konstruktion, Produktion, Montage und zum Kundendienst bzw. zur Produktion und Montage angesprochen. Die Nachweisstufe für Endprüfungen behandelt die DIN ISO 9003 [2.7]. Gegenstand der DIN ISO 9004 [2.8] sind schließlich das Qualitätsmanagement und geeignete Elemente eines QS-Systems. Auch in diesen Normen werden Begriffe zur Qualitätssicherung definiert.

Weitere Normen, in denen sowohl Definitionen zur QS vorgenommen, als auch Kriterien angegeben werden, die für verschiedene Arten von Laboratorien gelten, finden sich in den Normen DIN EN 45001 bis 45014. Die DIN EN 45001 [2.9] gibt allgemeine Kriterien zum Betreiben von Prüflaboratorien. Hierzu bedarf es eines QS-Systems. Dies und weitere Anforderungen haben Laboratorien zu erfüllen, die als Meßstellen zugelassen werden wollen. In der DIN EN 45002 [2.10] werden Kriterien zur Begutachtung von Prüflaboratorien angegeben. Auch Stellen, die Prüflaboratorien begutachten und akkreditieren, haben Kriterien zu erfüllen, die Gegenstand der DIN EN 45003 [2.11] sind. Die Qualitätssicherung ist Grundlage weiterer DIN EN Normen. Hierzu gehören die DIN EN 45011 [2.12], 45012 [2.13] und 45013 [2.14], in denen Kriterien für Stellen angegeben werden, die Produkte bzw. Qualitätssicherungssysteme bzw. Personal zertifizieren. Die DIN EN 45014 [2.15] gibt schließlich Kriterien für Konformitätserklärungen von Anbietern an.

2.2 Begriffe zur Qualitätssicherung

In der DIN 55350 Teil 11 werden Grundbegriffe der Qualitätssicherung definiert. Nachfolgend wird versucht, diese allgemeinen Definitionen auf die Belange in der Analytik zu beziehen.

Qualität ist die Gesamtheit von Eigenschaften und Merkmalen eines Produktes oder einer Tätigkeit, die sich auf die Eignung zur Erfüllung gegebener Erfordernisse beziehen. In der Analytik werden Eigenschaften und Merkmale von Proben untersucht. Das Produkt der Arbeit sind Analysenergebnisse, die Informationen über die untersuchte Probe geben. Die Güte der Analysenergebnisse ist in diesem Sinne ihre Qualität.

Zuverlässigkeit ist die Qualität unter vorgegebenen Anwendungsbedingungen während oder nach einer vorgegebenen Zeit. Die Güte von Analysenergebnissen kann in Abhängigkeit von der Zeit schwanken. Bei einer nur geringen Schwankung liegt eine hohe Zuverlässigkeit vor.

Ein **Qualitätsmerkmal** ist ein zur Qualität beitragendes Merkmal. Die Güte von Analysenergebnissen oder analytischer Arbeit läßt sich anhand verschiedener Kriterien messen oder beurteilen. Hierzu gehören z. B. Richtigkeit, Präzision und Empfindlichkeit.

Nichterfüllung vorgegebener Forderungen durch einen Merkmalswert bezeichnet man als **Fehler**. Meßwerte hängen von verschiedenen Einflußgrößen ab. Diese tragen dazu bei, daß der wahre Wert durch einen Meßvorgang nicht in jedem Fall gefunden wird. Systematische Fehler zeigen eine immer gleichförmige Abweichung vom wahren Wert, zufällige Fehler dagegen verfälschen den Meßwert unsystematisch in positive und negative Richtung.

Ein **Qualitätssicherungssystem** ist die festgelegte Aufbau- und Ablauforganisation zur Durchführung der Qualitätssicherung. Zur Sicherung der Qualität von Analysenwerten ist es notwendig, innerhalb des Labors ein System aufzubauen, in dem personelle Zuständigkeiten und Verantwortlichkeiten geregelt, räumliche und apparative Voraussetzungen geschaffen, Meßvorschriften und fachliche Qualifikation des Personals gegeben, Messungen geprüft und dokumentiert sowie Ver- und Entsorgung (Verbrauchsmaterialien) sichergestellt sind.

Unter **Qualitätssicherung** versteht man alle Maßnahmen um die geforderte Qualität zu erzielen. In der Analytik kommt es darauf an, möglichst richtige und präzise Meßwerte zu erhalten. Dies wird mit Hilfe einer Qualitätsplanung, einer Qualitätslenkung und einer Qualitätsprüfung erreicht (siehe Abschnitt 1.4).

Im Rahmen der **Qualitätsplanung** werden Qualitätsmerkmale ausgewählt und für sie zulässige Gültigkeitsbereiche festgelegt. Dies bezieht sich sowohl auf Analysenergebnisse als auch auf die zu ihrer Erzielung notwendigen Arbeiten.

Nach durchgeführter Qualitätsplanung folgt die **Qualitätslenkung**, in deren Aufgabenbereich die Planung, Überwachung und Korrektur der Ausführung analytischer Arbeiten fällt. Sofern unzulässige Meßwerte erzielt werden, bedarf es korrigierender, d. h. lenkender Einflußnahme auf den betreffenden Analysenvorgang.

Unter **Qualitätsprüfug** versteht man die Feststellung, inwieweit Produkte oder Tätigkeiten (Analysenwerte und analytische Tätigkeiten) die an sie gestellten Qualitätsanforderungen erfüllen. Die Ergebnisse der Qualitätsprüfung sind Grundlage für eine effiziente Qualitätslenkung. Beide bilden zusammen einen Regelkreis.

Ein **Merkmal** ist eine Eigenschaft, die qualitativ bewertet oder quantifiziert werden kann. Merkmale eines Analysenverfahrens sind beispielsweise die Empfindlichkeit, der Arbeitsbereich, die Bestimmungsgrenze und die Varianz der erzielbaren Meßwerte.

Den Unterschied zwischen einem Merkmalswert und einem Bezugswert bezeichnet man als **Abweichung**. Für quantitative Größen ist das die Differenz zwischen den Werten.

Bei Merkmalswerten ist zu unterscheiden zwischen **Nennwert** (Wert zur Gliederung des Anwendungsbereichs), **Sollwert** (Wert, von dem die Istwerte so wenig wie möglich abweichen sollen), **Richtwert** (Wert, dessen Einhaltung empfohlen, nicht aber vorgeschrieben ist) **Grenzwert** (Wert, der als Höchstwert nicht überschritten oder als Mindestwert nicht unterschritten werden soll), **Beobachtungswert** (Ergebnis einer Beobachtung, also Istwert) und **wahrer Wert** (tatsächlicher Merkmalswert zum Zeitpunkt der Messung unter den gegebenen Bedingungen).

Unter **Genauigkeit** versteht man das Maß der Annäherung von Istwerten an exakte oder wahre Werte. Es wird unterschieden zwischen **Richtigkeit** und **Präzision**. Während die Richtigkeit ein Maß für die Übereinstimmung von wahrem Wert und dem Mittelwert aus unablässig wiederholten Meßwerten eines vorgegebenen Untersuchungsverfahrens ist, quantifiziert die Präzision die Übereinstimmung zwischen Ergebnissen, die bei wiederholter Anwendung eines Untersuchungsverfahrens ermittelt werden.

Im Sinne der Präzision unterscheidet man weiter zwischen der **Wiederholbarkeit** und der **Vergleichbarkeit**. Die Wiederholbarkeit ist das Ausmaß der Übereinstimmung von Analysenwerten bei wiederholter Anwendung einer festgelegten Analysenvorschrift am identischen Untersuchungsobjekt in kurzen Zeitabständen unter denselben Bedingungen (Bediener, Gerät, Labor, Reagenzien). Im Gegensatz dazu versteht man unter Vergleichbarkeit das Ausmaß der Übereinstimmung von Analysenwerten bei wiederholter Anwendung einer festgelegten Analysenvorschrift am identischen Untersuchungsobjekt zu verschiedenen Zeiten unter verschiedenen Bedingungen (Bediener, Gerät, Labor, Reagenzien).

2.3 Die DIN ISO 9000-Normenserie

2.3.1 Vorbemerkungen

Die Leistungsfähigkeit eines Unternehmens hängt von verschiedenen Faktoren ab. Einer davon ist die Qualität der verwendeten und hergestellten *Produkte* sowie der erbrachten *Dienstleistungen*. Um die Qualität der materiellen und immateriellen Produkte zu sichern, ist es notwendig, ein Qualitätssicherungssystem aufzubauen. Da es kein genormtes QS-System gibt – jedes Unternehmen hat seine Spezifika – wurde eine internationale Normenserie, die ISO 9000, als Leitfaden zum Aufbau entsprechender Systeme vom Technischen Komitee ISO/TC 176 „Quality assurance" ausgearbeitet. Die Übernahme in die deutsche Norm DIN ISO 9000 erfolgte 1987.

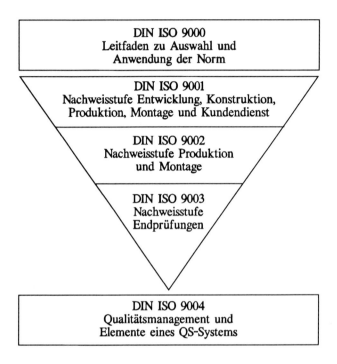

Abb. 2-1. Aufbau der DIN ISO 9000-Normenserie.

Wie in Abb. 2.1 dargestellt, besteht die Normenserie aus fünf Teilen, in denen festgelegt ist, welche Kriterien seitens eines Unternehmens (auch eines Laboratoriums) zu erfüllen sind, damit ein Auftraggeber größtmögliche Sicherheit hat, daß das bezogene Produkt oder die in Anspruch genommene Dienstleistung den geforderten Qualitäten entspricht. Anders herum hat ein Anbieter größere Marktchancen, wenn er seine Produkte und Dienstleistungen nach der DIN herstellt bzw. ausführt und das von einer unabhängigen Stelle bestätigt bekommt.

2.3.2 Die DIN ISO 9000

In der DIN ISO 9000 wird zunächst dargelegt, wie die anderen DIN Vorschriften dieser Normenserie anzuwenden und zu interpretieren sind. Es werden Begriffe wie

– Qualitätspolitik,

– Qualitätsmanagement,

– Qualitätssicherungssystem,

– Qualitätslenkung und

– QS-Nachweisführung

definiert. Das grundsätzliche Konzept ist, die vorausgesetzten Qualitätsanforderungen eines Produktes oder einer Dienstleistung zu erfüllen, der Unternehmensleitung gegenüber dafür zu sorgen, daß das nötige Vertrauen in die Güte der geleisteten Arbeit gelegt werden kann und vor allem einem Auftraggeber gegenüber zu garantieren und zu belegen (QS-Nachweis), daß die geforderte Qualität erfüllt wird.

Die Norm ist auf *vertragliche* und *nicht vertragliche Situationen* anzuwenden. In beiden Fällen hat der Anbieter von Produkten und Dienstleistungen ein QS-System einzurichten und zu unterhalten. Im vertraglichen Fall werden zusätzlich in abgeschlossenen Verträgen bestimmte *QS-Elemente* gefordert (Einhaltung und Nachweis).

Wie aus Abb. 2-1 hervorgeht, erfüllen die Normen 9001 bis 9003 einen anderen Zweck, als die Norm 9004. Die drei erstgenannten dienen der *QS-Nachweisführung* in vertraglichen Situationen. In der DIN ISO 9004 wird ein Leitfaden für das Qualitätsmanagement eines Unternehmens gegeben.

Im Anhang zur DIN ISO 9000 werden die Elemente eines QS-Systems tabellarisch zusammengefaßt und in einer Matrix angegeben, in welchen Abschnitten sie in den Normen 9001 bis 9004 behandelt werden. Zu den QS-Elementen gehören

– Managementaufgaben,

– Grundsätze zum Qualitätssicherungssystem,

– internes Qualitätsaudit des QS-Systems,

– Wirtschaftlichkeitsbetrachtungen - Überlegungen zu Qualitätskosten,

– QS-Element Vertrieb,

– QS-Element Entwicklung,

– QS-Element Beschaffung,

– QS-Element Produktionsvorbereitung,

– QS-Element Produktion,

– Überwachung und Rückführbarkeit von Material,

– Prüfzustand,

– QS-Element Qualitätsnachweise,

– QS-Element Prüfmittelüberwachung,

– QS-Element fehlerhafter Einheiten,

– QS-Element Korrekturmaßnahmen,

– QS-Element Umgang mit Produkten und Aufgaben nach der Produkt-Realisierung,

– Kundendienst,

– QS-Element Qualitätsaufzeichnungen,

– Qualitätsaufzeichnungen/Qualitätsberichte,

– QS-Element Mitarbeiter,

– Produktionssicherheit und Produkthaftung,

– QS-Element statistische Verfahren und

– QS-Element beigestellte Produkte vom Auftraggeber.

2.3.3 Die DIN ISO 9001 bis 9003

Die DIN ISO 9001 bis 9003 behandeln QS-Nachweisstufen. Hierunter werden Forderungen verstanden, die in vertraglichen Abschlüssen vorzusehen sind, um Leistungen zu beschreiben und um Fehler zu vermeiden. Die Nachweisforderungen beziehen sich auf die meisten QS-Elemente, die oben aufgezählt sind.

2.3.4 Die DIN ISO 9004

In der DIN ISO 9004, die vor allem zum Aufbau von QS-Systemen von Bedeutung ist, werden alle QS-Elemente konkretisiert. Nachfolgend wird versucht, die allgemeinen Formulierungen der Norm auf den Bereich Labor/Analytik zu beziehen. Wie bereits mehrfach erwähnt, ist die Aufgabe analytischer Laboratorien, ein Probengut hinsichtlich seiner Eigenschaften oder seiner Zusammensetzung zu untersuchen und somit den Informationsgehalt über das Probengut zu steigern. Das (immaterielle) Produkt eines Laboratoriums sind Analysenwerte, also Informationen und Kenntnisse.

Im Rahmen eines QS-Systems ist die Arbeit so zu organisieren, daß mit möglichst geringem finanziellen Aufwand (geringen Personal- und Investitionskosten) die bestmögliche Qualität (in erster Linie richtige und präzise Analysenwerte) in der Analytik erreicht wird. Dies kann der Leitung einer Organisation oder der Laborleitung obliegen. Neben den Interessen der Organisation ist das Interesse des Auftraggebers – dieser kann extern oder betriebsintern sein – stets qualitativ ausreichende Analysenergebnisse zu erhalten.

Zu den *Risiken* des Laboratoriums oder des Betriebes, in den das Labor eingebettet ist, gehören bei fehlerhaften Werten

– Verlust an Prestige,

– Marktverlust,

– Verlust der Zulassung oder Akkreditierung und

– Ersatzansprüche.

Von richtigen und präzisen Analysen hängen nicht selten Produktionskosten, Arbeitssicherheitsaspekte, Bemessungen von Anlagen, Sanierungskosten, Emissionsabgaben und Produktqualitäten ab. Ein gutes QS-System zielt darauf ab, gleichzeitig die Interessen einer Organisation (eines Laboratoriums) und eines Auftraggebers zu wahren. Ein QS-System besteht aus

- der organisatorischen Struktur (Aufbauelementen),
- den Zuständigkeiten (Führungselementen) sowie
- den Verfahren und Arbeitsabläufen (Ablaufelementen).

Dieses ist von den Führungskräften zu entwickeln und einzuführen. Von den oben angesprochenen QS-Elementen sind die meisten auch für ein Labor von Bedeutung. In welchem Ausmaß das der Fall ist, hängt von der Struktur, dem Aufgabenspektrum und der Einbindung des Labors in die Betriebsorganisation ab. Das gesamte QS-System eines Laboratoriums ist schriftlich in gut verständlicher Form zu beschreiben.

Zum Inhalt des QS-Systems gehört nach DIN ISO 9004 eine klare Zuordnung von *Zuständigkeiten* und *Befugnissen*. Bezogen auf ein Labor wird hierunter die personelle Struktur und Aufgabenverteilung verstanden. In der Regel gibt es in jedem Betrieb ein *Organisationshandbuch* und *Dienstanweisungen*. Diese und eine ergänzende *Laborordnung* bilden die Grundlage für die organisatorische Gliederung. In der Norm ist unter 5.2.2 festgelegt, daß die für die QS-Nachweisführung (in dem Sinne für die QS im Labor) beauftragte Person unabhängig von den Tätigkeiten sein sollte, über die sie berichtet. Die Formulierung „sollte" schreibt also nicht zwingend vor, daß der *QS-Beauftragte* nicht auch weitere Tätigkeiten ausführen darf. In vielen Laboratorien haben QS-Beauftragte weitere Aufgaben, die teilweise auch in die zu prüfende Analytik eingebettet sind. In der Regel arbeiten QS-Beauftragte dann aber nicht am Labortisch (arbeiten also nicht analytisch), sondern organisieren die Arbeit und nehmen administrative Aufgaben wahr. Die *sachliche* und *personelle Ausstattung* ist von der Leitung bereitzustellen, sie wird in der DIN aber nicht näher spezifiziert.

Das QS-System ist so zu organisieren, daß alle Aktivitäten bezüglich ihrer Qualität laufend überwacht werden. Wichtig ist in diesem Zusammenhang, daß durch vorbeugende Maßnahmen sich anbahnende Qualitätsmängel rechtzeitig erkannt und behoben werden. Auch auf spontan auftretende Fehler muß umgehend reagiert werden, d. h. daß sowohl der *Überwachungsablauf* als auch der *Reaktionsspielraum* ausreichend flexibel aufzubauen sind.

Die *Dokumentation* ist das wichtigste Mittel um nachzuweisen, daß und wie ein QS-System aufgebaut ist. Für die Qualitätsdokumente und -aufzeichnungen muß festgelegt werden, wie sie zu kennzeichnen, zu verteilen, zu pflegen und zu sammeln sind. Aus Gründen der Klarheit empfielt sich hierfür eine Struktur, wie sie in Tabelle 2-1 angegeben ist.

Tabelle 2-1. Tabellarische Struktur eines QS-Systems.

Dokument	Verteilung	Beschreibung
QS-Handbuch	überwiegend intern	Qualitätspolitik, Beschreibung des QS-Systems, Organigramm, Maßnahmenkatalog
Organisatorische Maßnahmen	nur intern	Beschreibung der aus der DIN hervorgehenden Maßnahmen
Betriebsmaßnahmen	nur intern	Standardarbeitsanweisungen, interne Spezifikationen, Kontrollmethoden, Ausbildungsdokumente
Dokumente und Aufzeichnungen	intern und/oder extern	Analysenergebnisse (auch Roh-werte), Regelkarten, Verträge, Zulassungen, Audit-Aufzeichnungen, Berichte und Reviews

Das *QS-Handbuch* beschreibt das QS-System einer Organisation (eines Labors) und dient als ständiger Bezugspunkt. In größeren Organisationen kann es mehrere Handbücher geben, z. B. für die ganze Organisation, weitere für einzelne Bereiche oder spezielle QS-Elemente. Das Thema QS-Handbuch wird ausführlich in Kapitel 6 behandelt.

Für neue Projekte (im Labor für neue Auftraggeber oder neue Analysenverfahren) sind Erweiterungen oder Ergänzungen vorzunehmen, die mit dem bestehenden QS-System im Einklang stehen. Auch hier sind Qualitätsziele (z. B. Verfahrenskenndaten, Empfindlichkeiten, Präzision u. a.) festzulegen, Zuständigkeiten zuzuordnen, Arbeitsanweisungen zu erstellen und Programme zu QS-Prüfungen aufzustellen.

Wesentlicher Bestandteil eines QS-Systems ist die regelmäßige Überprüfung (Audit) der einzelnen Komponenten. In einem Plan, dem *Auditplan*, ist festzuhalten,

- welche Bereiche zu überprüfen sind,
- welche Personen die Prüfungen vorzunehmen haben,
- wie oft zu prüfen ist und
- wie die Prüfungen aufzuzeichnen sind.

Qualitätssicherungsmaßnahmen erfordern Zeit-, Personal- und Materialaufwand. Es entstehen Kosten, die sich für einen Betrieb (und natürlich auch für ein Labor) rechnen müssen. Der Mehraufwand muß auf die Produkte und Dienstleistungen (z. B. Analysen) umgelegt werden. Diese gewinnen bei gesicherter Qualität an Wert und steigern die Produktivität eines Betriebes. Zwischen den Wertschöpfungen und Qualitätskosten, die der Führungsebene regelmäßig zu dokumentieren sind, ist eine geeignete Parität herzustellen. Für Laboratorien, die auf dem freien Markt miteinander konkurrieren, ist dies nicht unproblematisch. Sofern QS-Maßnahmen nach eigenem Ermessen ergriffen werden, resultieren abhängig vom Umfang der Maßnahmen unterschiedliche Kosten. Daher streben Untersuchungslabors zunehmend danach, sich von einer unabhängigen Stelle akkreditieren zu lassen. Hierdurch werden zumindest die Kosten für QS-Maßnahmen, die in akkreditierten Laboratorien ähnlich sind, harmonisiert.

Das QS-Element *Vertrieb* spielt für Produktionsstätten, aber auch für analytische Laboratorien eine Rolle, wenn sie ihre Dienstleistungen auf dem freien Markt anbieten. Kriterien dieses Elementes sind z. B.

- Analysenzeiten,
- Analysenkosten,
- Kompetenzdokumentation,
- Qualitätsnachweise und
- Umweltschutzmaßnahmen (Entsorgung von Abluft, Abwasser, Altchemikalien).

Für analytische Laboratorien, die in der Regel nach genormten Verfahren arbeiten und allenfalls an der Erstellung neuer Normen mitarbeiten, spielt das QS-Element *Entwicklung* nur eine untergeordnete Rolle (für Produktionsbetriebe um so mehr). Von erheblicher Bedeutung ist dagegen der Bereich der *Beschaffung*. Jedes Laboratorium benötigt für die durchzuführenden Untersuchungen Chemikalien, Verbrauchsmaterialien und Geräte. Diese müssen eine ausreichende Qualität aufweisen (gleichmäßige und genügende Reinheit bzw. geforderte Leistungsmerkmale). Es ist vor einer Beschaffung zu recherchieren, welcher Anbieter die benötigten Produkte in der entsprechenden Qualität anbietet. Bezüglich der Kosten ist zu berücksichtigen, daß – zumindest bei Geräten – nicht nur die reine Investition zählt, sondern auch Wartung, Robustheit, Service, bisherige Erfahrungen und Kompatibilität mit anderen Systemen. Lieferer von Chemikalien garantieren durch Angaben auf den Verpackungen oder durch Beipackzettel die entsprechende Reinheit.

Analytische Laboratorien sind Produktionsstätten für Informationen über ein Probengut. Das QS-Element *Produktionsvorbereitung* ist daher von essentieller Bedeutung. Vor anstehenden Untersuchungen ist dafür zu sorgen, daß

- ausreichende Materialien (z. B. Chemikalien),
- Fertigungseinrichtungen (zur Probenvorbereitung und Messung),
- Meßvorschriften,
- ggf. Rechner-Software,
- ausgebildetes Personal sowie
- Ver- und Entsorgungseinrichtungen (z. B. Gasleitungen und Abzüge)

zur Verfügung stehen. Dies ist in *Standardarbeitsanweisungen* (SOP), die Gegenstand des Kapitels 7 sind, festzuhalten. Ver- und Entsorgungseinrichtungen sowie Umgebungsbedingungen gehören gleichzeitig zum Bereich Arbeitssicherheit/Unfallschutz und zur Qualitätssicherung.

Das QS-Element *Produktion* betrifft jede Art von Laboratorium. Die verwendeten Materialien (auch der untersuchten und hergestellten Produkte) müssen rückverfolgbar sein. Hiezu gehören u. a. die Problemkreise *Kennzeichnung* und *Lagerfähigkeit*. Die Produktionseinrichtungen (im Fall eines analytischen Labors sind dies Meßgeräte) sind instand zu halten (Überwachung, Wartung). Darunter wird die regelmäßige Prüfung der Richtigkeit und Präzision verstanden sowie Qualitätsregelkarten und ggf. Software- sowie Rechner-Kontrollen.

Qualitätsnachweise müssen auch in analytischen Laboratorien und nicht nur in der Teilefertigung erbracht werden. Dies betrifft beschaffte Materialien, Bauteile und Geräte, die zur Produktion von Analysenwerten eingesetzt werden, aber auch das erstellte Produkt (die Analysenwerte). Sie müssen plausibel sein und vor ihrer Abnahme von autorisiertem Personal geprüft und freigegeben sein.

Das QS-Element der *Prüfmittelüberwachung* beinhaltet vor allem die verwendeten Meßsysteme. Sie müssen regelmäßig kalibriert und hinsichtlich ihrer Richtigkeit, Präzision und Reproduzierbarkeit geprüft werden. Die Geräte müssen den Herstellerangaben und Qualitätsgarantien genügen. Vor ihrem Einsatz sind Meßgeräte umfassend zu kalibrieren und ihre spezifischen Leistungskenndaten zu ermitteln, die dann als Grundlage für nachfolgende Rekalibrierungen dienen. Auch nach Wartungen und Reparaturen ist die Funktion der Geräte zu prüfen und zu dokumentieren. Bei fehlerhaften Messungen sind die Ursachen dafür zu ermitteln und zu beseitigen.

Ein weiteres QS-Element ist das der *Behandlung fehlerhafter Einheiten*. Sobald Bauteile, Geräte und Materialien als fehlerhaft erkannt sind, müssen sie gekennzeichnet und ausgesondert werden. Anschließend ist zu prüfen, ob sie reparierbar sind oder ob sie ausgetauscht werden müssen. Auch hierüber sind Aufzeichnungen zu führen. Diese können helfen, zu späterer Zeit erneut auftretende Fehler zu identifizieren und deren Ursache zu finden.

Eng verknüpft mit der Fehlererkennung ist das QS-Element der *Korrekturmaßnahmen*. Eine autorisierte Stelle innerhalb einer Organisation (eines Labors) hat die Verantwortung für die Koordinierung, Protokollierung und Überwachung der Korrekturmaßnahmen. Es ist im Vorfeld festzulegen, anhand welcher Kriterien Fehler erkannt werden und was zu tun ist, wenn welche auftreten. In jedem Fall ist die Ursache eines Fehlers zu ermitteln um zukünftig vorbeugende Maßnahmen zu ergreifen.

In Produktionsbetrieben, aber auch in Laboratorien wird mit Materialien umgegangen. Das QS-Element *Umgang mit Produkten* und Aufgaben nach der Produkt-Realisierung behandelt deren ordnungsgemäße Kennzeichnung, Lagerung und Verpackung. In entsprechenden Vorschriften zu Gefahrstoffen, wassergefährdenden Stoffen, brennbaren Substanzen u. a. gibt es konkrete Angaben hierzu.

Im QS-Element *Qualitätsaufzeichnungen* ist festgelegt, was im Rahmen der QS zu dokumentieren ist. Dies betrifft die

- Identifizierung,
- Sammlung,
- Registrierung,
- Archivierung,
- Lagerung,
- Pflege,
- Prüfung und
- Verteilung

qualitätsrelevanter Aufzeichnungen. Zu den Qualitätsaufzeichnungen, die zu überwachen und aufzubewahren sind, gehören

- Prüfberichte,
- Prüfdaten,
- Berichte bezüglich Qualifikation,
- Berichte der Gültigkeitserklärungen,
- Berichte über Qualitätsaudits,
- Berichte über Materialprüfungen,
- Kalibrierdaten und
- Berichte über Qualitätskosten.

Ein auch für Laboratorien sehr wichtiges Element der Qualitätssicherung ist der *Wissensstand der Mitarbeiter*. Angesichts der rasanten Entwicklung in Wissenschaft und Technik ist es erforderlich, die Mitarbeiter aller Hierarchieebenen – und hier nicht nur neue Mitarbeiter – ständig weiterzubilden. Auch bei erfahrenem Personal ist das nicht ständig gebrauchte Wissen aufzufrischen. Die Qualität von Produkten und Dienstleistungen hängt von motivierten Mitarbeitern ab. Daher muß die durchzuführende Schulung auf

- Arbeitspsychologie,
- Qualitätsbewußtsein,
- fachliche Weiterbildung,
- Weiterbildung auf dem Gebiet der QS und
- Weiterbildung bezüglich Sicherheit am Arbeitsplatz

ausgelegt sein. Es gibt die Möglichkeit, externe Schulungsangebote wahrzunehmen, was bei einem großen Mitarbeiterstamm zu erheblichen Kosten führt, oder intern Kurse durchzuführen, die von externen Fachkräften oder betriebsinternem Personal geleitet werden können.

Wer Produkte herstellt oder Dienstleistungen erbringt muß hierfür einem Auftraggeber gegenüber haften. Daher ist es im Interesse des Herstellers bzw. Erbringers durch entsprechende Qualitätssicherheit die Produkthaftung so gering wie möglich zu halten. Dies gilt auch für jedwede Laborarbeit.

Das letzte QS-Element der DIN ISO 9000 betrifft statistische Verfahren, die dazu eingesetzt werden können, Prozesse (auch analytische Verfahren) vorzubereiten, zu prüfen und zu lenken. Typische Beispiele hierfür sind

- Versuchsplanung,
- Varianzanalyse,
- Regressionsanalyse,
- Risikoanalyse (Sicherheitsbeurteilung),
- Signifikanzprüfungen,
- Qualitätsregelkarten oder
- statistische Stichprobenprüfung.

2.4 Die DIN EN 45000-Normenserie

2.4.1 Vorbemerkungen

Die DIN ISO 9000 gibt Qualitätskriterien an, die für jede Art von Produktion gelten. Daher ist sie in ihren Formulierungen sehr allgemein gehalten. Für Laboratorien, insbesondere für Prüflaboratorien, gelten näher spezifizierte Kriterien, die in der DIN EN 45000-Normenserie festgelegt sind. Die Inhalte der einzelnen Normen werden nachfolgend kurz behandelt, um eine Übersicht zu geben. Spezielle Kriterien der Normen sind Gegenstand nachfolgender Kapitel. Wie aus Abb. 2-2 hervorgeht, ist ein Qualitätssicherungssystem Herzstück der Normenserie DIN ISO 45000.

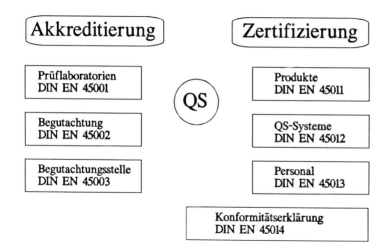

Abb. 2-2. Das Qualitätssicherungssystem als Element der DIN EN 45000-Normenserie.

2.4.2 Die DIN EN 45001

Die DIN EN 45001 gibt allgemeine Kriterien zum Betreiben von Prüflaboratorien. Diese Kriterien beziehen sich vornehmlich auf die *technische Kompetenz* von Laboratorien und sind relevant für die Laboratorien selbst, für Stellen, die Prüflaboratorien akkreditieren und für Stellen, die die Kompetenz der Laboratorien anerkennen. Neben der Definition aller Begriffe, die nachfolgend verwendet werden, fordert die DIN *Unparteilichkeit* und *Unabhängigkeit* des Personals. Die Vergütung der Mitarbeiter darf nicht von der Anzahl und den Ergebnissen der Untersuchungen abhängen. Ersteres dürfte in der Realität nur schwer zu realisieren sein. In einem *Organisationsplan*, der immer auf dem aktuellen Stand zu halten ist, sind die Zuständigkeiten, Verantwortungsbereiche und Kompetenzen festzulegen. Weiterhin muß genügend Personal mit ausreichender Qualifikation vorhanden sein, dessen Fachkenntnisse durch Schulungen auf dem neuesten Stand zu halten sind. Die *Räumlichkeiten* müssen so beschaffen sein, daß sie

- die Meßergebnisse nicht verfälschen
  (z. B. durch Hitze, Staub, Feuchtigkeit, Geräusche, Erschütterungen, Strahlung),
- das Gefahren- und Schadensrisiko begrenzen,
- dem Personal ausreichend Bewegungsfreiheit ermöglichen,
- ausreichende Energieanschlüsse aufweisen,
- die benötigten Einrichtungen aufnehmen können und
- es ermöglichen, den Zugang zu allen Bereichen ausreichend zu kontrollieren.

Die Laboreinrichtungen sind ordnungsgemäß zu warten und bei zweifelhafter Funktion zu kennzeichnen und solange außer Betrieb zu nehmen, bis sie repariert sind. Für jede wichtige Meß- und Prüfeinrichtung ist ein Dokument zu führen, in dem festzuhalten ist:

- Bezeichnung des Einrichtungsgegenstandes,
- Hersteller, Typ und Seriennummer,
- Datum der Beschaffung und Inbetriebnahme,
- gegenwärtiger Standort,
- Anlieferungszustand (neu, gebraucht),
- Einzelheiten über durchgeführte Wartungen sowie
- Angaben über Schäden, Funktionsstörungen, Änderungen und Reparaturen.

Die DIN fordert weiterhin, daß nach einem festgelegten Programm Meß- und Prüfeinrichtungen zu kalibrieren sind. Es ist nachzuweisen, daß die Meßergebnisse richtig und vergleichbar sind (z. B. durch erfolgreiche Teilnahme an Ringversuchen). Alle Untersuchungen haben nach vorgegebenen Vorschriften (meist sind diese genormt) zu erfolgen. Die Meßwerte sind vollständig schriftlich niederzulegen und aus ihnen abgeleitete Berechnungen müssen nachvollziehbar sein.

Eine der wesentlichen Voraussetzungen eines Prüflaboratoriums ist ein Qualitätssicherungssystem. Hierzu gehört ein Qualitätssicherungshandbuch, ein Beauftragter für Qualitätssicherung und ein Programm zur regelmäßigen und systemeatischen Überprüfung der Wirksamkeit eines QS-Systems. Hierauf wird noch ausführlich eingegangen.

Die DIN EN 45001 schreibt eine Reihe von Angaben vor, die zu einem *Prüfbericht*, d. h. einem Bericht, in dem die Prüfergebnisse eindeutig und klar wiedergegeben sind, gehören. Bemerkenswerterweise darf ein Prüfbericht keine Ratschläge oder Empfehlungen enthalten, die sich aus den Prüfergebnissen ergeben. Bewertungen müssen also getrennt vom Prüfbericht vorgenommen werden. Zur Angabe der Ergebnisse gehört bei quantitativen Angaben auch die Meßunsicherheit. Die Aufzeichnungen (Rohdaten, Prüfberichte) sind sicher aufzubewahren, vertraulich zu behandeln und so zu führen, daß zu einer späteren Zeit nachvollziehbar ist, welche Personen an ihrem Zustandekommen beteiligt waren. Es ist weiterhin sicherzustellen, daß Proben verwechslungssicher beschriftet und anonym behandelt werden, daß das Personal alle Informationen vertraulich behandelt und daß Unteraufträge nur an Laboratorien vergeben werden, die ausreichend qualifiziert sind.

In einem weiteren Punkt fordert die DIN eine Zusammenarbeit zwischen den Mitarbeitern des Prüflaboratoriums mit den Auftraggebern – hier ist Zugang zu den Bereichen vorzusehen, in denen Prüfungen für den Auftraggeber durchgeführt werden, und ein festgelegtes Beschwerdeverfahren zur Verfügung zu stellen – , mit Stellen, die Akkreditierung gewähren und mit Stellen sowie anderen Prüflaboratorien, die Normen und Vorschriften erarbeiten.

Eine letzte Forderung bezieht sich auf Pflichten, die sich aus einer Akkreditierung ergeben. Hierzu zählen

- Erfüllung von Anforderungen aus dieser Norm und weiterer der Akkreditierungsstelle,
- Klarstellung der Prüfleistungen, für die eine Akkreditierung gewährt wurde,
- Zahlung der anfallenden Gebühren,
- kein Mißbrauch der Akkreditierung zum Nachteil der Akkreditierungsstelle,
- kein Mißbrauch der Akkreditierung, wenn diese nicht mehr gültig ist,
- Klarstellung, daß die Akkreditierungsstelle die Prüfberichte nicht gebilligt hat,
- keine Vervielfältigung von Prüfberichten ohne Genehmigung der Akkreditierungsstelle
- und Unterrichtung der Akkreditierungsstelle über alle relevanten Änderungen.

2.4.3 Die DIN EN 45002

Die DIN EN 45002, die ähnlich aufgebaut ist wie die DIN EN 45001, gibt allgemeine Kriterien zum Begutachten von Laboratorien. Sie ist damit sowohl für Prüflaboratorien relevant, die sich akkreditieren lassen wollen, als auch für Stellen, die eine Akkreditierung durchführen. Es werden zunächst die im weiteren Verlauf gebrauchten Begriffe definiert und Akkreditierungskriterien aufgezählt. Hierunter fallen diejenigen, die in der DIN EN 45001 genannt sind sowie weitere von der Akkreditierungsstelle vorgegebene, die auf einzelne Prüfungen oder Prüfungsarten zugeschnitten sein können. Die Kriterien sind zu veröffentlichen und/oder auf Anfrage zur Verfügung zu stellen.

Eine Akkreditierung gilt nur für Prüfungen oder Prüfungsarten, die von der zuständigen Stelle geprüft wurden. Für die relevanten Prüfungen müssen Normen oder vollständig dokumentierte Verfahren existieren. Außerdem gilt eine Akkreditierung nur für technische Aufgaben, die an ständigen oder wechselnden Laboratoriumsstandorten eingerichtet sein können.

Im weiteren wird der Antrag auf Akkreditierung angesprochen. Dieser setzt seitens der beantragenden Stelle einen ermächtigten Vetreter voraus, der den Antrag unterschreibt. Der Antrag beinhaltet den Geltungsbereich der gewünschten Akkreditierung, eine Erklärung darüber, daß die Funktionsweise der Akkreditierung bekannt ist, eine Einverständniserklärung zum Akkreditierungsverfahren (mit Übernahme der anfallenden Gebühren) und zur Erfüllung der für die Akkreditierung notwendigen Kriterien. Die Akkreditierungsstelle hat dem Antragsteller eine detaillierte Beschreibung des Akkreditierungsverfahrens (mit Rechten und Pflichten) zu übergeben. Das *Akkreditierungsverfahren* umfaßt

- eine Sammlung der Informationen, die zur Begutachtung nötig sind,
- die Ernennung eines oder mehrerer qualifizierter Begutachter,
- die Begutachtung des Prüflabors an Ort und Stelle,

– die Überprüfung des gesamten Beurteilungsmaterials und

– eine Entscheidung über eine Gewährung mit oder ohne Bedingungen.

An die Begutachter werden in der DIN Anforderungen bezüglich ihrer technischen Kompetenz, ihrer Kenntnisse über das Akkreditierungsverfahren und ihrer Fähigkeiten, effektiv kommunizieren zu können sowie unparteiisch, vertraulich und nichtdiskriminierend zu sein, gestellt. Die Akkreditierungsstelle muß über die Begutachter Aufzeichnungen besitzen und aktuell halten.

Das Ergebnis einer Begutachtung ist ein *Begutachtungsbericht*, der vom Begutachterteam so bald wie möglich schriftlich anzufertigen ist. Dieser ist der Akkreditierungsstelle zuzuleiten. Das antragstellende Prüflaboratorium erhält eine Kopie, eine Zusammenfassung oder angemessene Teile des Berichts. Die Akkreditierungsstelle kann fordern, daß das Prüflaboratorium an einer *Eignungsprüfung* (z. B. an einem Ringversuch) erfolgreich teilnimmt.

Akkreditierte Prüflaboratorien sind in regelmäßigen Abständen erneut zu überprüfen. Als längster Zeitraum hierfür gibt die DIN fünf Jahre an. Aufgrund einer erneuten Überprüfung kann die Akkreditierung beendet werden, ruhen oder eingeschränkt werden. In diesen Fällen ist das betreffende Prüflaboratorium vorher anzuhören.

2.4.4 Die DIN EN 45003

Die DIN EN 45003 gibt allgemeine Kriterien für Stellen, die Prüflaboratorien akkreditieren. Sie ist für Prüflaboratorien somit nur von mittelbarem Interesse. Auch diese Norm definiert zunächst alle nachfolgend gebrauchten Begriffe. Akkreditierungsstellen haben gemäß der DIN ISO 45003 eine Reihe von Kriterien zu erfüllen, damit sie als hierfür kompetente Organisationen eingestuft werden können. Diese Kriterien betreffen

– die Organisation der Akkreditierungsstelle,

– das dort tätige Personal,

– die Ausstattung der Stelle,

– die Geschäftspolitik und Verfahren zur Entscheidungsfindung,

– Sektorkommitees (zur Beratung),

– das Qualitätsicherungssystem der Akkreditierungsstelle,

– Akkreditierungsregelungen,

– Akkreditierungsdokumente,

– Beschwerdeverfahren,

– vertragliche Regelungen,

– die Vertraulichkeit,

– Veröffentlichungen,

– Aufzeichnungen,
– Aufgabenübertragungen und
– den Erfahrungsaustausch.

2.4.5 Die DIN EN 45011 bis 45014

Qualitätssicherung ist nicht nur Gegenstand der Arbeit von Laboratorien, sondern ist Voraussetzung einer Akkreditierung und Zertifizierung. *Zertifizierung* ist die Bestätigung einer unparteiischen Stelle, daß ein Produkt oder eine Dienstleistung in Übereinstimmung mit einer Norm oder einem normativen Verfahren hergestellt bzw. durchgeführt wird. Die Normen DIN EN 45011 bis 45014 beschäftigen sich mit der Zertifizierung. Inhalt der DIN EN 45011 sind allgemeine Kriterien für Stellen, die Produkte zertifizieren. Eingangs werden die gebrauchten Begriffe definiert. Anschließend kommen all die Punkte zur Sprache, die *Zertifizierungsstellen* zu erfüllen haben und die das *Zertifizierungsverfahren* betreffen. Sie ähneln denen, die für die Akkreditierung relevant sind. Im Einzelnen werden behandelt:

– allgemeine Anforderungen,
– die Verwaltungsstruktur von Zertifizierungsstellen,
– Aufgabenbereich des Lenkungsgremiums,
– die organisatorische Struktur von Zertifizierungsstellen,
– Anforderungen an Zertifizierungspersonal,
– Dokumentation und Änderungsdienst,
– Aufzeichnungen,
– das Zertifizierungsverfahren,
– Einrichtungen der Zertifizierungsstellen,
– das Qualitätssicherungshandbuch,
– Vertraulichkeit,
– Veröffentlichungen,
– Beschwerden,
– internes Audit,
– Mißbrauch von Genehmigungen und Bescheinigungen,
– Beanstandungen sowie
– Entzug und Streichung von Genehmigungen.

Die DIN EN 45012, die Kriterien für Stellen angibt, die Qualitätssicherungssysteme zertifizieren, und die DIN EN 45013, die Kriterien für Stellen angibt, die Personal zertifizieren, sind nahezu identisch aufgebaut wie die DIN EN 45011 und behandeln grundsätzlich die gleichen Punkte.

Anbieter von Produkten und Dienstleistungen können von sich aus erklären, daß ihre Produkte und Dienstleistungen mit Normen oder normativen Verfahren übereinstimmen. In der DIN EN 45014 werden allgemeine Kriterien für *Konformitätserklärungen* von Anbietern gegeben. Sie betreffen die allgemeinen Anforderungen, den Inhalt der Erklärung und ihre Form.

2.5 Sonstige Regelwerke

Neben nationalen und internationalen Normen zum Themenkreis „Qualitätssicherung", die meist nur allgemein gehalten sind, gibt es weitere Regelwerke, die von Fachausschüssen branchenspezifisch, verfahrensspezifisch oder zur Konkretisierung von Landesgesetzen länderspezifisch erstellt wurden und werden.

Ein Beispiel für ein branchenspezifisches Regelwerk ist das von der Länderarbeitsgemeinschaft Wasser (LAWA) erstellte Merkblatt zur *Plausibilitätskontrolle* für die Qualitätssicherung bei der Wasser-, Abwasser- und Schlammuntersuchung [2.16]. Das Merkblatt beschreibt die Plausibilitätskontrolle als notwendigen Bestandteil einer qualifizierten Qualitätssicherung in der Analytik. Nach einer Einleitung werden die nachfolgend gebrauchten Begriffe definiert und eine Verfahrensübersicht gegeben.

Ein wesentliches Kriterium für eine sinnvoll einzusetzende Analytik sind *Hintergrundinformationen* zu den Proben, da auf sie die Meßstrategie und das geeignete Analysenverfahren zugeschnitten werden muß. Hierzu zählen beispielsweise Anlaß, Herkunft und Art der Probe, Grenz- und Richtwerte für die zu messenden Kenngrößen. Weiterhin sind Auffälligkeiten der Probe, Probenvorbehandlung, -konservierung, Ergebnisse aus vor-Ort-Messungen und Schnelltestergebnisse sehr hilfreich. Plausibilitätsprüfungen werden in mehreren Prüfbereichen durchgeführt. Die wesentlichen sind

– Probenahme (Übereinstimmung mit Vorinformationen, Funktion der Probenahmegeräte),
– Probeneingang (eindeutige Probennummer, Auffälligkeiten, Registrierung),
– Probenaufbereitung (Schäumen, ungewöhnliche Verfärbung bei Reagenzzugabe),
– Messung (Kontrollkarten, einwandfreie Gerätefunktion),
– Auswertung (Stoffbilanzen, Verhältnisse zwischen verschiedenen Kenngrößen) und
– Endkontrolle (passen die Ergebnisse zu den Hintergrundinformationen).

Werden im Rahmen der Plausibilitätsprüfung Unstimmigkeiten entdeckt, gilt es die Ursachen dafür zu finden und zu beseitigen. Häufige *Fehlerquellen* sind

– unkorrekte Probenahme,
– Probenverwechslung,
– Übertragungsfehler,

– Rechen- und Auswertefehler,

– Kontamination von Gerätschaften,

– Matritzenprobleme,

– Fehler beim Analysenverfahren und

– Fehler bei der Kalibrierung.

Zu den weiteren angesprochenen Themen gehören Maßnahmen und Konsequenzen aus der Plausibilitätskontrolle, der Kontrollplan, die Dokumentation, notwendige Hilfsmittel im Labor und personelle Voraussetzungen.

Ein Beispiel für ein länderspezifisches Regelwerk ist das LWA-Merkblatt „Analytische Qualitätssicherung für die Wasseranalytik in NRW" [2.17]. Nach einer Einleitung werden Anforderungen an eine Untersuchungsstelle beschrieben (Personal, apparative Ausstattung, Infrastruktur, Qualitätssicherungshandbuch und Unteraufträge). Anschließend kommt die Durchführung der analytischen Qualitätssicherung zur Sprache. Hierzu zählen die

– Vorbereitungsphase (verantwortliche Personen, Untersuchungsverfahren, Kenngrößen),

– Routinephase (interne und externe Qualitätssicherung) und

– Auswertung und Dokumentation (Analysenergebnisse, AQS-Maßnahmen).

Themen der umfangreichen Anhänge sind

– Führen von Kontrollkarten,

– Berechnung von Verfahrenskenndaten,

– Ringversuchsdurchführung,

– Probenahme von Abwasser,

– AQS-Maßnahmen für Elementbestimmungen mit Atomemissionsspektroskopie,

– AQS-Maßnahmen für Metallbestimmungen mittels Atomabsorptionsspektrometrie,

– AQS-Maßnahmen für die Bestimmung adsorbierbarer organisch gebundener Halogene,

– AQS-Maßnahmen für die Bestimmung des Chemischen Sauerstoffbedarfs,

– AQS-Maßnahmen für die photometrischen Bestimmung von Chrom (VI),

– AQS-Maßnahmen für die Bestimmung des Ammonium-Stickstoffs,

– AQS-Maßnahmen für die Bestimmung des Nitrit-Ions,

– AQS-Maßnahmen für die Bestimmung der Giftwirkung von Abwässern auf Fische und

– AQS-Maßnahmen für die Bestimmung der nicht akut giftigen Wirkung von Abwasser gegenüber Fischen über Verdünnungsstufen.

In diesem Merkblatt werden zahlreiche konkrete Hinweise für die praktische Qualitätssicherung in einem Wasserlabor gegeben.

34

2.6 Literatur

[2.1]   DIN 55350 Teil 11: Begriffe der Qualitätssicherung und Statistik. Grundbegriffe der Qualitätssicherung (September 1990)

[2.2]   DIN 55350 Teil 12: Begriffe der Qualitätssicherung und Statistik. Merkmalsbezogene Begriffe (März 1989)

[2.3]   DIN 55350 Teil 13: Begriffe der Qualitätssicherung und Statistik. Begriffe der Qualitätssicherung, Genauigkeitsbegriffe (Januar 1981)

[2.4]   DIN ISO 9000: Leitfaden zur Auswahl und Anwendung der Norm zu Qualitätsmanagement, Elementen eines Qualitätssicherungssystems und zu Qualitätssicherungs-Nachweisstufen (Mai 1987)

[2.5]   DIN ISO 9001: Qualitätssicherungs-Nachweisstufen für Entwicklung und Konstruktion, Produktion, Montage und Kundendienst (Mai 1987)

[2.6]   DIN ISO 9002: Qualitätssicherungs-Nachweisstufen für Produktion, Montage und Kundendienst (Mai 1987)

[2.7]   DIN ISO 9003: Qualitätssicherungs-Nachweisstufen für Endprüfungen (Mai 1987)

[2.8]   DIN ISO 9004: Qualitätsmanagement und Elemente eines Qualitätssicherungssystems, Leitfaden (Mai 1987)

[2.9]   DIN EN 45001: Allgemeine Kriterien zum Betreiben von Prüflaboratorien (Mai 1990)

[2.10] DIN EN 45002: Allgemeine Kriterien zum Begutachten von Prüflaboratorien (Mai 1990)

[2.11] DIN EN 45003: Allgemeine Kriterien für Stellen, die Prüflaboratorien akkreditieren (Mai 1990)

[2.12] DIN EN 45011: Allgemeine Kriterien für Stellen, die Produkte zertifizieren (Mai 1990)

[2.13] DIN EN 45012: Allgemeine Kriterien für Stellen, die Qualitätssicherungssysteme zertifizieren (Mai 1990)

[2.14] DIN EN 45013: Allgemeine Kriterien für Stellen, die Personal zertifizieren (Mai 1990)

[2.15] DIN EN 45014: Allgemeine Kriterien für Konformitätserklärungen von Anbietern (Mai 1990)

[2.16] Merkblatt zu den Rahmenempfehlungen der Länderarbeitsgemeinschaft Wasser (LAWA) für die Qualitätssicherung bei der Wasser-, Abwasser- und Schlammuntersuchung A-4 Plausibilitätskontrolle (September 1989)

[2.17] LWA-Merkblätter Nr. 11 „Analytische Qualitätssicherung (AQS) für die Wasseranalytik in NRW". Essen: Wöste, 1992

3 Akkreditierung von Laboratorien

3.1 Historie und Hintergrund

Der seit dem 1. Januar 1993 geschaffene europäische Binnenmarkt setzt voraus, daß Handels-hemmnisse, u. a. auf dem Gebiet des Warenaustausches, der Dienstleistungen oder des Prüf-wesens, durch Harmonisierung der gesetzlichen Bestimmungen beseitigt werden. Die Arbeit von Laboratorien – sie ist in der Regel als Dienstleitsung einzustufen – wird hauptsächlich nach genormten Vorschriften durchgeführt. Diese Vorschriften und ein fundiertes Qualitäts-sicherungs-System können zur *Richtigkeit, Reproduzierbarkeit* und *Aussagekraft* von Daten und Untersuchungsergebnissen beitragen.

Der Rat der Europäischen Gemeinschaft erläßt nach einem aufwendigen Verfahren EG-Richtlinien, die in den Mitgliedstaaten der EG innerhalb von fünf Jahren in nationales Recht umzusetzen sind. Sie bilden die Grundlage für vergleichbare Leistungen und Qualitäten. Die wesentlichen Regelungen, nach denen ein gemeinsames Prüf- und Zertifizierungswesen in Europa aufgebaut werden soll, sind in der EG-Richtlinie vom 21.12.89 „Globales Konzept für Zertifizier- und Prüfwesen – Instrumente zur Gewährleistung der Qualität bei Industrieerzeug-nissen" [3.1] festgelegt. In diesem Konzept werden gefordert:

- Qualitätssicherung nach den Normen EN 29000 (ISO 9000) [3.2],
- Anwendung der Normen EN 45000 zur Akkreditierung und Zertifizierung [3.3 - 3.9],
- Aufbau zentraler nationaler Prüf- und Zertifizierorganisationen,
- Harmonisierung und Abkommen zur gegenseitigen Anerkennung der Prüfverfahren und
- Vereinbarung mit Drittländern zur gegenseitigen Anerkennung der Akkreditirungs-
  systeme.

Worum geht es im konkreten Fall der Analytik? Um zu belegen, daß die Laborarbeit be-stimmte Qualitätskriterien erfüllt, kann ein Labor durch eine entsprechend autorisierte Stelle akkreditiert werden, d. h. eine formelle Anerkennung für die qualifizierte Durchführung der Arbeit erhalten. Mit einer solchen *Akkreditierung* (Kompetenzbestätigung) wird die Dienst-leistung eines Labors attraktiver, konkurrenzfähiger und – da die Akkreditierungskriterien ver-einheitlicht sind – für einen Auftraggeber vertrauenswürdiger. Dies ist insbesondere dadurch gewährleistet, daß regelmäßig wiederkehrende Inspektionen, sogenannte *Audits*, durchgeführt werden. Die Qualitätssicherung in der Analytik ist also ein wichtiges Element im Rahmen des Akkreditierungsvorgangs.

Prüfungen, für die eine Akkreditierung angestrebt wird, können vom Gesetz vorge-schrieben sein oder dem „nichtgeregelten" Bereich zugeordnet werden. Für die Herstellung und Inverkehrbringung von beispielsweise Arzneimitteln, medizinischen Implantaten oder

Spielzeugen sind Art und Umfang bestimmter Prüfungen zwingend vorgeschrieben. In diesem Fall ist eine Akkreditierung unumgänglich. Für die Mehrzahl der Produkte und Dienstleistungen (80 - 95 %) – hierzu gehört auch die chemische Analytik – gibt es derzeit keine Akkreditierungspflicht.

3.2 Akkreditierungsstellen

3.2.1 Europäische Organisationen

Um europaweit einheitliche Vorgaben zur Prüfung von Produkten und Dienstleistungen zu haben, erarbeitet die European Organisation for Testing and Certification (EOTC), also die Europäische Organisation für Prüf- und Zertifizierwesen, multinationale Abkommen zur gegenseitigen Anerkennung der Prüfverfahren. Die verschiedenen Wirtschaftsbranchen bedürfen einer auf die jeweiligen Probleme zugeschnittenen Betrachtungsweise. Daher haben sich zahlreiche Interessenverbände gebildet, die sich mit der Interpretation der EN 45000 für einzelne Prüfungsarten beschäftigen.

Die wesentlichen Organisationen für den Bereich der chemischen Analytik sind

European Laboratories (EUROLAB),
European Analytical Chemistry (EURACHEM),
Western European Laboratory Accreditation Cooperation (WELAC) und
Western European Calibration Cooperation (WECC).

Zwischen der WELAC und der EOTC wurde am 13.5.92 ein Abkommen zur gegenseitigen Anerkennung der Akkreditier- und Zertifiziersysteme geschlossen. Dieses bildet die Grundlage für harmonisierte Akkreditierungssysteme.

3.2.2 Deutsche Organisationen

In der Bundesrepublik Deutschland ist das Prüfwesen aufgrund der föderalistischen Strukturen dezentral organisiert. Um hier die Ressourcen zu bündeln, wurde eine bundesdeutsche Dachorganisation geschaffen, die die Prüfsysteme zusammenfaßt. Diese Organisation ist der Deutsche Akkreditierungsrat DAR. Er ist

– paritätisch aus Vertretern von Bund, Ländern und privatwirtschaftlichen Organisationen zusammengesetzt,
– vereinheitlicht Prüfverfahren,

– koordiniert Aktivitäten auf dem Gebiet der Akkreditierung und Zertifizierung,

– vertritt deutsche Interessen in europäischen sowie internationalen Gremien und

– führt ein zentrales deutsches Akkreditierungs- und Anerkennungsregister.

Der DAR setzt sich aus je sieben Vertretern des gesetzlich geregelten und gesetzlich nicht geregelten Bereichs zusammen sowie je einem Vertreter des Bundesministeriums für Wirtschaft (BMWi), des Bundesministeriums für Arbeit und Sozialordnung (BMA) und des Deutschen Institutes für Normung (DIN).

Im gesetzlich geregelten Bereich arbeiten Akkreditierungsstellen wie

– Zentralstelle der Länder für Sicherheitstechnik (ZLS),

– Oberste Bauaufsichtsbehörde (ARGEBAU) und

– Institut für Bautechnik (IfBT),

im gesetzlich nicht geregelten Bereich Stellen wie

– Deutsches Akkreditierungssystem Prüfwesen (DAP),

– Deutsche Akkreditierungsstelle Metalle und Verbundwerkstoffe (DAM),

– Deutsche Akkreditierungsstelle Stahlbau und Energietechnik (DASET),

– Deutsche Akkreditierungsstelle Mineralöl GmbH (DASMIN),

– Deutsche Koordinierungsstelle für IT Normenkonformitätsprüfung und -zertifizierung (DEKITZ) und

– Deutsche Akkreditierungsstelle für Technik (DATech).

Die Gesellschaft Deutscher Chemiker (GDCh), der Verband der Chemischen Industrie (VCI) und das Deutsche Institut für Normung (DIN) gründeten im November 1992 gemeinsam die Deutsche Akkreditierungsstelle Chemie GmbH (DACH), die für Laboratorien und Untersuchungseinrichtungen im chemischen und chemienahen Bereich zuständig ist. Sie akkreditieren und überwachen Prüflaboratorien bzw. Zertifizierungsstellen der Industrie und unabhängiger Laboratorien, die in verschiedenen Bereichen der Chemie arbeiten. An der DACH sind der VCI mit 65 %, die GDCh mit 20 % und das DIN mit 15 % beteiligt. In einem Lenkungsausschuß arbeiten Repräsentanten des Bundesministeriums für Wirtschaft, der Technischen Überwachungsvereine und der Deutschen Gesellschaft für Qualitätssicherung mit und stellen Unabhängigkeit und Fachkompetenz sicher.

In der GDCh wurde 1990 der Arbeitskreis EURACHEM/D gegründet. Er ist offen für alle Personen, Unternehmer, Laboratorien, Organisationen und Gremien – auch Nichtmitglieder der GDCh – mit Akkreditierungs- und Zertifizierungsfragen.

3.3 Durchführung und Inhalt der Akkreditierung

Unter Akkreditierung versteht man – wie oben erwähnt – die formelle Anerkennung der Kompetenz einer Prüfstelle (z. B. eines Labors) durch eine unabhängige dritte Akkreditierungsstelle. Die entsprechenden Anforderungen sind in der DIN EN 45001 „Allgemeine Kriterien zum Betreiben von Prüflaboratorien" festgelegt. Für chemische Laboratorien ist es möglich, Prüfverfahren akkreditieren zu lassen. Vorzugsweise werden nationale und internationale Normen wie ISO, DIN, VDI, BIA oder EPA akkreditiert, darüber hinaus aber auch Vorschriften anderer Institutionen (z. B. LAWA), in der Literatur beschriebene sowie hauseigene Verfahren. Das beantragende Laboratorium kann selbst festlegen, welche der möglichen Prüfverfahren zu akkreditieren sind.

Der Ablauf des gesamten *Akkreditierungsverfahrens* ist in Abb. 3-1 schematisch dargestellt. Von dem Prüflaboratorium, das eine Akkreditierung anstrebt, wird bei der zuständigen *Begutachtungsstelle* ein entsprechender Antrag eingereicht. Dieser muß folgende Unterlagen umfassen:

- Antragsformular,
- ausgefüllter Fragebogen,
- Darlegung der Betriebsorganisation, Satzung, Besitzverhältnisse,
- Lage-/Raumplanung des Laboratoriums,
- Organisationsstruktur des Laboratoriums,
- Nachweis der versicherungstechnischen Absicherung von Haftpflichtansprüchen,
- Liste der Mitarbeiter,
- Beschreibung der Verantwortungsbereiche der einzelnen Mitarbeiter,
- Nachweis, daß der Laborleiter ein Studium an einer Hochschule, Universität oder Fachhochschule absolviert oder mindestens drei Jahre eine vergleichbare Tätigkeit ausgeführt hat,
- Nachweis, daß der Laborleiter direkt der Geschäftsführung unterstellt ist,
- Liste aller Mitarbeiter, die Prüfberichte validieren, mit Namen, Vornamen, Titel, Beruf und Prüfgebieten,
- Unterschriftsprobe mit vollständigem Namen für alle Prüfberechtigten,
- Erklärung darüber, daß die Mitarbeiter des Laboratoriums auf die Vertraulichkeit aller im Rahmen ihrer Tätigkeiten gewonnenen Erkenntnisse hingewiesen und darauf verpflichtet sind,
- Qualitätssicherungshandbuch des Laboratoriums/der Prüfstelle,
- Inventarliste aller für das Akkreditierungsverfahren relevanten Geräte,
- Probenauftrags-/-begleitformulare und
- Prüfberichte gemäß DIN EN 45001.

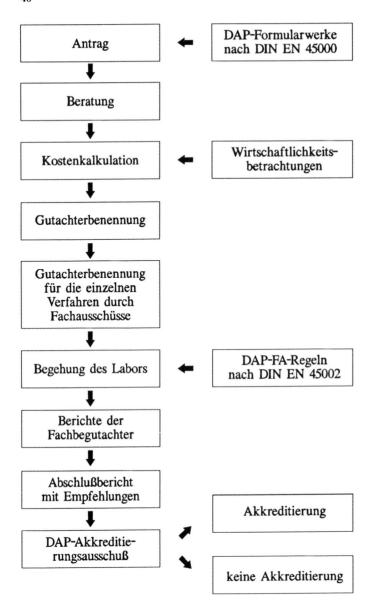

Abb. 3-1. Ablauf des Akkreditierungsvorgangs.

Nachdem die Unterlagen dem Deutschen Akkreditierungssystem Prüfwesen (DAP) vorliegen, beauftragt dieses den zuständigen Fachausschuß, Fachbegutachter zu benennen, die die Beratung durchführen, das Labor begehen und die Ergebnisse ihrer Recherchen bewerten. Die Gutachter

– führen ein Einführungsgespräch,

– prüfen die relevanten Unterlagen,

– prüfen die Laborausstattung,

– prüfen die Räumlichkeiten,

– prüfen die Qualifikation der Mitarbeiter einschließlich des Laborleiters und

– führen das Abschlußgespräch.

Ein Schwerpunkt der Überprüfungen sind die Maßnahmen zur internen und externen Qualitätssicherung. Diese müssen umfassend im Qualitätssicherungshandbuch beschrieben sein. Die Gutachter stellen fest, ob

– Blindwerte und Standards gemessen,

– Geräte kalibriert,

– Kontrollkarten geführt,

– Streuungen bestimmt,

– matrixbezogene Kalibrierungen (Standardadditionen) durchgeführt,

– die Wiederfindung aufgestockter Proben geprüft,

– Referenzmaterialien vermessen,

– Plausibilitäten geprüft,

– interne Ringversuche durchgeführt,

– an externen Ringversuchen erfolgreich teilgenommen und

– regelmäßige Schulungen des Personals bezüglich QS durchgeführt werden.

Die im Rahmen der Recherchen festgestellten Mängel müssen behoben werden, bevor der Abschlußbericht erstellt ist. Erst nach Erfüllung der in der DIN 45001 Punkt 5.4.3 aufgeführten Mindestanforderungen, kann eine Akkreditierung ausgesprochen werden. Weitere Informationen zur Akkreditierung finden sich in [3.10 bis 3.12].

3.4 Zertifizierung

Unter Akkreditierung versteht man – wie oben beschrieben – die formelle Anerkennung einer Prüfstelle (z. B. eines Laboratoriums) durch eine unabhängige dritte Akkreditierungsstelle Prüfungen (Laboruntersuchungen) kompetent und sachgerecht durchzuführen. Nach DIN 45001 endet die Arbeit einer Prüfstelle mit dem Prüfbericht. Dieser beinhaltet alle Ergebnisse der Untersuchungen, darf aber keine Bewertungen enthalten. Wird von der Prüfstelle ein Produkt untersucht, darf sie nicht die Konformität der Qualität dieses Produktes mit Vorgaben bewerten.

Die Bestätigung dafür, daß ein Produkt, eine Dienstleistung oder ein Verfahren in Übereinstimmung mit einer Norm oder einem normativen Dokument hergestellt bzw. durchgeführt wird, bezeichnet man als *Zertifizierung*. Sie kann nur von einer dritten unabhängigen Stelle ausgesprochen werden. Diese *Zertifizierungsstelle* muß bestimmte organisatorische Voraussetzungen erfüllen. Hierzu zählen

– unparteiische Arbeit,
– Lenkungsgremium aus allen Bereichen des Zertifizierungssystems,
– kompetentes Personal und
– kein kommerzielles Interesse an der betreffenden Zertifizierung.

Wie „normale Prüflaboratorien" müssen Zertifizierungsstellen ebenfalls ein System zur Qualitätssicherung sowie ein Qualitätssicherungshandbuch besitzen. In den DIN EN 45011 bis 45014 sind die Kriterien zusammengestellt, die für Stellen gelten, die Produkte (45011), Qualitätssicherungssysteme (45012) und Personal (45013) zertifizieren sowie für Konformitätserklärungen von Anbietern relevant sind (45014).

Speziell für Laboratorien, die im Rahmen der Qualitätssicherung Referenzmaterialien einsetzen, ist die Frage der Zertifizierung dieser Materialien von Interesse. Es ist davon auszugehen, daß von Herstellern und Vertreibern von Referenzmaterialien zukünftig Zertifikate über die Produkte verlangt werden oder daß zumindest die Prüfung des Produktes von einem akkreditierten Labor durchgeführt wurde. Derzeit gibt es keine Normen oder Richtlinien, die für Hersteller von Referenzmaterialien gelten. In verschiedenen ISO-Richtlinien werden Mindestanforderungen an Referenzmaterialien gestellt. Verschiedene Gremien, so auch die EURACHEM/Deutschland, erarbeiten Kriterien, die Hersteller von Referenzmaterialien zu erfüllen haben.

3.5 Literatur

[3.1]   EG-Richtlinie vom 21.12.89, Globales Konzept für Zertifizier- und Prüfwesen – Instrumente zur Gewährleistung der Qualität bei Industrieerzeugnissen.

[3.2]   DIN ISO 9000: Leitfaden zur Auswahl und Anwendung der Normen zu Qualitätsmanagement, Elementen eines Qualitätssicherungssystems und zu Qualitätssicherungs-Nachweisstufen (Mai 1987)

[3.3]   DIN EN 45001: Allgemeine Kriterien zum Betreiben von Prüflaboratorien (Mai 1990)

[3.4] DIN EN 45002: Allgemeine Kriterien zum Begutachten von Prüflaboratorien (Mai 1990)

[3.5] DIN EN 45003: Allgemeine Kriterien für Stellen, die Prüflaboratorien akkreditieren (Mai 1990)

[3.6] DIN EN 45011: Allgemeine Kriterien für Stellen, die Produkte zertifizieren (Mai 1990)

[3.7] DIN EN 45012: Allgemeine Kriterien für Stellen, die Qualitätssicherungssysteme zertifizieren (Mai 1990)

[3.8] DIN EN 45013: Allgemeine Kriterien für Stellen, die Personal zertifizieren (Mai 1990)

[3.9] DIN EN 45014: Allgemeine Kriterien für Konformitätserklärungen von Anbietern (Mai 1990)

[3.10] SUPELCO Deutschland GmbH: *Themen der Umweltanalytik*. Weinheim: VCH 1993

[3.11] Staats, G.: Accreditation in Analytical Laboratories: a critical assessment of the impact on human beings and techniques. In: *Fres. Z. Anal. Chem.* **345**, 739-743 (1993)

[3.12] Grap, R. und Otzipka, J.: Checklisten zur Beurteilung von Qualitätslaboratorien im Rahmen eines umfassenden Qualitätskonzeptes. In: *CLB* **41**, 208-217 (1990)

4 Gesetzliche Regelungen

4.1 International

Obwohl Qualitätssicherung nicht nur in allen Bereichen der Produktion sondern auch in analytischen Laboratorien seit langer Zeit einen hohen Stellenwert hat, bekam sie in der Analytik erst nach Einführung der *Guten Laborpraxis* (GLP) ein gesetzliches Standbein. Im Chemikaliengesetz [4.1] ist definiert : „Gute Laborpraxis (GLP) befaßt sich mit dem organisatorischen Ablauf und den Bedingungen, unter denen Laborprüfungen geplant, durchgeführt und überwacht werden sowie mit der Aufzeichnung und Berichterstattung der Prüfung". Aufgrund der Ratsentscheidung der Organisation for Economic Cooperation and Development (OECD), die gegenseitige Anerkennung von Daten in der Bewertung von Chemikalien vom 12.Mai 1981 betreffend, wird den Mitgliedsländern die Anwendung der OECD-Prüfrichtlinien und der OECD-Grundsätze zur Guten Laborpraxis empfohlen. Zweck dieser Richtlinien und Grundsätze ist es, die Qualität von Prüfdaten zu verbessern und damit die gegenseitige Anerkennung der Daten unter den Ländern zu erleichtern. Desweiteren können so Doppelprüfungen vermieden und dadurch Prüfkosten und Zeit eingespart werden. Es ist zu beachten, daß die GLP ursprünglich eine Empfehlung der amerikanischen Food and Drug Administration (FDA) aus dem Jahre 1979 ist und primär die formalen Verfahrensschritte zur Durchführung toxikologischer Untersuchungen für die Zulassung neuer

- Chemikalien,
- Pflanzenschutzmittel,
- Arzneimittel,
- Sprengstoffe,
- Lebensmittel- und
- Futterzusatzstoffe

regelt. Schwerpunkt ist es, die *Einhaltung organisatorischer Aspekte* zu kontrollieren und zu dokumentieren, sowie *Datenübertragungsfehler* auszuschließen. Es soll eine Bewertung über mögliche Gefahren für Mensch und Umwelt in einem

- Zulassungs-,
- Erlaubnis-,
- Registrierungs-,
- Anmelde- oder
- Mitteilungsverfahren

ermöglichen. Diese Umstände treffen in dem geschilderten Umfang für eine Vielzahl von Laboratorien, so z. B. von solchen zur Untersuchung von Wässern, nicht zu.

4.2 National

Die OECD-Grundsätze zur GLP wurden in der BRD anläßlich der Novellierung des Gesetzes zum Schutz vor gefährlichen Stoffen (Chemikaliengesetz) [4.1] in den allgemeinen Verwaltungsvorschriften zum Verfahren der behördlichen Überwachung der Einhaltung der Grundsätze der Guten Laborpraxis [4.2] eingebunden und sind somit rechtsverbindlich vorgeschrieben. Diese Allgemeine Verwaltungsvorschrift regelt Einzelheiten der *Inspektion* und *Überprüfung* von Prüfungen durch die zuständigen Länderbehörden.

In einem weiteren Gesetz, dem Abfallgesetz, werden QS-Anforderungen durch die ihr zugeordnete Klärschlammverordnung (AbfKlärV) in der Novelle vom 15.4.92 [4.3] gestellt. Hier heißt es zur Qualitätssicherung und -kontrolle: „Die Untersuchungsstellen sind verpflichtet, die Verläßlichkeit der Analysenergebnisse durch geeignete Maßnahmen zur Qualitätssicherung und Qualitätskontrolle abzusichern, dazu gehört unter anderem die erfolgreiche Teilnahme an Ringversuchen des zuständigen Bundeslandes".

4.3 Bundesländerspezifische Regelungen am Beispiel NRW

In Nordrhein-Westfalen gibt es in der Wasseranalytik für die Bereiche

- Überwachung von Abwassereinleitungen nach § 120 Landeswassergesetz (LWG) [4.4],
- Rohwasserüberwachung im Rahmen § 50 LWG [4.5],
- Indirekteinleiterüberwachung nach § 60a LWG [4.6] sowie
- Untersuchung von Abfällen, Sickerwasser, Oberflächenwasser und Grundwasser nach § 25 LAbfG [4.7]

Vorgaben für die Einführung qualitätssichernder Maßnahmen.

Nach den Anforderungen der Paragraphen 60, 60a und 61 LWG, Stand Juli 1989, ist die oberste Wasserbehörde ermächtigt, durch Rechtsverordnungen Regelungen über die *Behandlung* und *Untersuchung* der entnommenen Proben zu treffen. Dies gilt insbesondere darüber, welche Merkmale und Inhaltsstoffe des Abwassers zu analysieren sind, wie bei den Untersuchungen zu verfahren ist und in welchem Umfang die Ergebnisse aufzuzeichnen sind. Explizite Anweisungen zur Qualitätssicherung sind allerdings nicht genannt, werden jedoch empfohlen.

Wichtigste Grundlage für die Einführung der Qualitätssicherung bezüglich der Untersuchung von betrieblichen Abwässern in NRW ist die Novelle des § 60 a LWG. Diese ist in den Ministerialblättern Nr. 2 vom 18.05.92 und Nr. 47 vom 30.07.92 unter dem Titel „Zulassung von Stellen zur Untersuchung von Abwasser bei genehmigungspflichtigen Indirekteinleitungen nach Paragraph 60a Landeswassergesetz (LWG)" erschienen. Hierin werden die notwendigen Vorraussetzungen für eine Zulassung durch die obere Wasserbehörde erläutert. Dazu gehören folgende Punkte

- Eine ordnungsgemäße *Probenahme* und einwandfreie *Durchführung* der Abwasseruntersuchungen muß gewährleistet sein.
- Es bedarf einer *fachlich qualifizierten Laborleitung* (Diplom-Chemiker / Physiker / Biologe, in Ausnahmefällen besonders qualifizierter Diplom-Ingenieur).
- Es bedarf entspechend *ausgebildeten Personals* für die Probenahme und Analytik (Diplom-Chemiker, Diplom-Ingenieure, Chemotechniker, Chemielaboranten, CTA), d.h. keine angelernten Kräfte. Durch Schulungsmaßnahmen muß sichergestellt sein, daß die Kenntnisse des Personals auf dem neuesten Stand gehalten werden.
- Das Labor muß über eine *apparative Ausstattung* verfügen, die dem Untersuchungsumfang und den zu untersuchenden Kenngrößen qualitativ und quantitativ entspricht, hierzu geben die Anlagen 1 und 2 genauere Angaben. Alle Einrichtungen sind ordnungsgemäß zu warten, hierüber sind entsprechende Aufzeichnungen zu führen.
- Zur Durchführung der Untersuchungsparameter müssen für alle Analysenverfahren *Normen* bzw. *Arbeitsanweisungen* für das Personal am Arbeitsplatz jederzeit verfügbar sein.
- Die zugelassenen Untersuchungstellen sind verpflichtet, an den vom Landesamt für Wasser und Abfall NRW festgesetzten *Ringtests* teilzunehmen. Die Teilnahme ist gebührenpflichtig.
- Die zugelassenen Stellen sind verpflichtet, Maßnahmen zur Überprüfung der internen analytischen Laborqualität durchzuführen.Die Ergebnisse sind zu dokumentieren und mindestens 5 Jahre aufzubewahren. Ein *Qualitätssicherungshandbuch* nach DIN EN 45001 Abschnitt 5.4.2 [4.8] ist zu führen. Desweiteren ist von der Laborleitung ein Mitarbeiter zu benennen, der für die Qualitätssicherung verantwortlich ist.
- Die Genehmigungsbehörde muß prüfen, ob bei Fortfall oder wesentlichen Änderungen der *Zulassungsvorraussetzungen* die Zulassung zu widerrufen oder einzuschränken ist.

Die Anlage 1 von [4.6] umfaßt u.a.

- die Geräte zur DIN-gerechten Probenahme und Homogenisierung,
- Meßgeräte zur Direktmessung vor Ort, Kühl- und Gefriereinrichtungen und
- allgemeine labortechnische Geräte wie z.B. Waagen und Trockenschränke.

Für die Bestimmung der unter Abschnitt 3 von [4.6] angegebenen Kenngrößen wie z.B. AOX, Kupfer und TOC müssen die in den DIN geforderten Geräte vorhanden sein.

Die Anlage 2 von [4.6] umfaßt den *Mindestumfang der durchzuführenden Maßnahmen zur Qualitätssicherung*. Hierzu gehören

- Die Grundsätze der Guten Laborpraxis sind einzuhalten.
- Es sind mindestens die Grundlagen der Qualitätssicherungsmaßnahmen des LWA-Merkblattes Nr. 5 „Analytische Qualitätssicherung (AQS) für die Wasseranalytik in Nordrhein-Westfalen" [4.9] zu berücksichtigen.
- Mindestens einmal jährlich Bestimmung der Verfahrenskenngrößen nach DIN 38402 A 51, zusätzlich bei gravierender Veränderung der Geräte und des Personals. Die Justierung der Geräte ist regelmäßig bei jeder Analysenserie durchzuführen.
- Bei jeder Analysenserie sind die Blindwerte zu überprüfen.
- Es sind Kontrollanalysen mit Standardproben durchzuführen.
- Zusätzlich sind für die Parameter AOX, CSB, Chrom, Cadmium, Quecksilber und Arsen Blindwert- und Mittelwertkarten zu führen und z.T. sind Doppelbestimmungen und Rückstellproben erforderlich.

Das LWA-Merkblatt Nr.11 „Analytische Qualitätssicherung (AQS) für die Wasseranalytik in Nordrhein-Westfalen" [4.10] (überarbeitete und wesentlich erweiterte Fassung des o.g. LWA-Merkblattes Nr.5), herausgegeben vom Landesamt für Wasser und Abfall Nordrhein-Westfalen 1990, stellt eine Zusammenfassung praktikabler Qualitätssicherungsmethoden für Laboratorien dar, die im wasseranalytischen Bereich tätig sind. Es umfaßt

- die sowohl personellen als auch apparativen Voraussetzungen, unter denen Laboratorien in der Wasseranalytik tätig werden können.
- Maßnahmen zur internen Qualitätssicherung von der Probenahme bis zur Ergebnisdarstellung, dazu gehören Kalibrierung, Blindwertbestimmungen, Ermittlung der Verfahrenskenngrößen und eine eindeutige Beschreibung der Arbeits-, Meß-, Kalibrier- und Ausweteschritte. Desweiteren gehören dazu problemorientierte Kontrollkarten z.B. Mittelwertkontrollkarten zur Überprüfung der Präzision und die entsprechende Dokumentation der Analysenergebnisse und der QS-Maßnahmen.

Die in der Anlage 2 von [4.6] geforderte Einhaltung der Grundsätze der Guten Laborpraxis (GLP) kann im Bereich der Wasseranalytik nicht gemäß dem Chemikaliengesetz (ChemVwV-GLP vom 29.10.1990) konsequent umgesetzt werden. So ist es z.B. nicht sinnvoll, Wasserproben über einen Zeitraum von 12 Jahren aufzubewahren.

Nach § 50 LWG, der die Rohwasserüberwachung betrifft, gehören zu den Voraussetzungen für reproduzierbare und richtige Untersuchungsergebnisse die Maßnahmen zur Qualitätssicherung der Analytik gemäß LWA-Merkblatt Nr.5 „Analytische Qualitätssicherung (AQS) für die Wasseranalytik in Nordrhein-Westfalen". In § 25 Landesabfallgesetz wird die Führung eines Qualitätssicherungshandbuches nach DIN EN 45001 Abschnitt 5.4.2 [4.8] gefordert.

Ähnliche Anforderungen ergeben sich aus dem Landeswassergesetz von Schleswig-Holstein vom 07.06.1991 in § 36 d „Selbstüberwachung von Abwasseranlagen". In Hessen hat nach den Richtlinien für die Zulassung als Untersuchungsstelle nach § 17 Abs. 2 Satz 4 der Trinkwasserverordnung die Untersuchungsstelle ein internes Programm zur Qualitätssicherung nach den anerkannten Methoden der Guten Laborpraxis durchzuführen und zu dokumentieren. Desweiteren besteht die Verpflichtung zur Teilnahme an externen Qualitätskontrollen der obersten Landesgesundheitsbehörde. Auch für andere Bereiche, wie die Medizin, Lebens-mittelchemie, Pharmazie und die verschiedenen Zweige der Produktherstellung gibt es zahl-reiche nationale und länderspezifische Vorschriften bezüglich qualitätssichernder Maßnahmen.

4.4 Literatur

[4.1]   Gesetz zum Schutz vor gefährlichen Stoffen (Chemikaliengesetz-ChemG) vom 14.März 1990, Bundesgesetzblatt Teil I, Nr.13, 1990

[4.2]   Allgemeine Verwaltungsvorschrift zum Verfahren der behördlichen Überwachung der Einhaltung der Grundsätze der Guten Laborpraxis (ChemVwV-GLP) vom 24.Oktober 1990, Bundesanzeiger Nr. 204a, 31.10.1990

[4.3]   Klärschlammverordnung (AbfKlärv) vom 15.April 1992, Bundesgesetzblatt Teil I, Nr. 21, 1992

[4.4]   Überwachung von Abwassereinleitungen nach § 120 Landeswassergesetz (LWG), Gesetz- und Verordnungsblatt für das Land Nordrhein-Westfalen, Nr. 33, 1989

[4.5]   Richtlinie für die Rohwasserüberwachung von Grundwasser, Quellwasser, Uferfiltrat und angereichertem Grundwasser nach § 50 Landeswassergesetz NRW (Rohwasser-überwachungsrichtlinie), RdErl. des MURL vom 12.3.1991

[4.6]   Zulassung von Stellen zur Untersuchung von Abwasser bei genehmigungspflichtigen Indirekteinleitungen nach § 60a Landeswassergesetz (LWG) vom 18.Mai 1992, RdErl. des MURL vom 10.6.1992

[4.7]   Zulassung von Stellen für die Untersuchung von Abfällen, Sickerwasser, Oberflächen-
        wasser und Grundwasser nach § 25 Landesabfallgesetz, RdErl. des MURL vom
        9.6.1993

[4.8]   DIN EN 45001 : Allgemeine Kriterien zum Betreiben von Prüflaboratorien, Abschnitt
        5.4.2

[4.9]   LWA-Merkblätter Nr. 5, „Analytische Qualitätssicherung (AQS) für die Wasseranalytik
        in Nordrhein-Westfalen". Essen: Wöste, 1990

[4.10] LWA-Merkblatt Nr.11, „Analytische Qualitätssicherung (AQS) für die Wasseranalytik
        in Nordrhein-Westfalen". Essen: Wöste, 1992

5 Qualitätssicherungssystem

5.1 Definition

Die DIN 55350 Teil 11 [5.1] definiert das Qualitätssicherungssystem als: „Die festgelegte Aufbau- und Ablauforganisation zur Durchführung der Qualitätssicherung.

Anmerkung 1: Es gibt unternehmensspezifische und vertragsspezifische Qualitätssicherungssysteme.

Anmerkung 2: Die Planung des Qualitätssssicherungssystems ist zu unterscheiden von der Qualitätsplanung."

5.2 Aufbau und Organisation

Durch die Leitung der Prüfeinrichtung ist im Rahmen des *Qualitätssicherungsmanagements* die Verantwortung für die geforderte Qualität festzulegen. Hierzu gehören Aussagen zur

- Qualitätspolitik,
- Organisation und
- Bewertung

des Qualitätssicherungssystems. Das Qualitätssicherungssystem sollte die Funktionen der Qualitätssicherung in allen Stufen und Stadien der Prüfung, angefangen von der Probenahme bis zur Archivierung, umfassen und der Art, der Bedeutung und dem Umfang der durchzuführenden Arbeiten angemessen sein. Das *Anforderungsniveau* für das Qualitätssicherungssystem wird durch Festlegungen der Behörden bestimmt. Es sollte die Punkte

- Qualitätspolitik
- Organisationsstruktur
- festgelegte Zuständigkeiten und Aufgaben
- Schulung
- Qualitätssicherungsprogramm

beinhalten. Näheres ist in dem Qualitätssicherungshandbuch dokumentiert, daß in Kapitel 6 ausführlich behandelt wird.

Das *Qualitätssicherungsprogramm* hat die Ziele

- eine Qualität der Analytik zu erreichen, beizubehalten und zu verbessern, die die gesetzlichen Forderungen erfüllt,
- einen Nachweis gegenüber der Geschäftsführung und dem Leiter der Prüfeinrichtung zu erbringen, daß die angestrebte Qualität erreicht wurde sowie
- einen Nachweis gegenüber der überwachenden Behörde zu erbringen, daß die geforderte Qualität der Analytik erreicht wird.

Das Qualitätssicherungssystem ist von der Leitung der Prüfeinrichtung (Laborleitung) systematisch und regelmäßig auf die dauerhafte *Wirksamkeit der Abläufe* zu überwachen. Im Bedarfsfall sind *korrigierende Maßnahmen* einzuleiten, zu überwachen und durch die Beauftragten für Qualitätssicherung zu dokumentieren.

Nach den Grundsätzen der Guten Laborpraxis [5.2] ist ein Qualitätssicherungsprogramm folgendermaßen definiert: „Ein Qualitätssicherungsprogramm ist ein internes Kontrollsystem, das gewährleisten soll, daß die Prüfung diesen Grundsätzen der Guten Laborpraxis entspricht. Die Prüfeinrichtung muß über ein dokumentiertes Qualitätssicherungsprogramm verfügen, das gewährleisten soll, daß die Prüfungen entsprechend diesen Grundsätzen der Guten Laborpraxis durchgeführt werden. Das Qualitätssicherungsprogramm ist von einer oder mehreren Personen durchzuführen, die von der Leitung bestimmt werden und ihr unmittelbar verantwortlich sind. Diese Person(en) soll(en) mit dem Prüfverfahren vertraut sein. Diese Person(en) darf (dürfen) nicht an der Durchführung der Prüfung beteiligt sein, deren Qualität zu sichern ist. Diese Person(en) hat (haben) etwaige Feststellungen unmittelbar der Leitung und dem Prüfleiter schriftlich zu berichten".

Die DIN 45001 [5.3] geht nicht so weit und schränkt folgendermaßen ein: „Von der Leitung des Prüflaboratoriums sind ein oder mehrere Mitarbeiter zu benennen, die für die Qualitätssicherung innerhalb des Prüflaboratoriums verantwortlich sind und die direkten Zugang zur Geschäftsleitung haben." Somit ergeben sich für die Praxis mindestens als zu besetzende Funktionen

- Leiter der Prüfeinrichtung (Laborleiter),
- Prüfleiter (Fachgebietsleiter) und
- Leiter (Beauftragter) der Qualitätssicherung.

Weiterhin ist eine ausreichende *Vertreterregelung* erforderlich, bei der keine Doppelfunktionen (Personalunion) auftreten sollten. Insbesondere in kleineren Laboratorien kann diese personelle Trennung zu Schwierigkeiten führen. Hierzu muß gegebenenfalls eine Abstimmung mit der zuständigen Behörde getroffen werden.

Bei konsequenter Umsetzung der GLP ergibt sich ein Bedarf von mindestens 10 Personen, damit 2 Laboranten Analysen durchführen können (der Rest ist Overhead). Für die Organisation sind verschiedene Modelle möglich, die sich aus der Struktur und Anzahl der Mitarbeiter ergeben (Abb. 5-1).

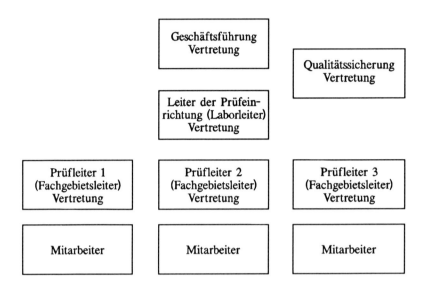

Abb. 5-1. Modell 1: Die Qualitätssicherung ist direkt der Geschäftsführung zugeordnet.

Das Modell 1 stellt den Idealzustand dar und gewährleistet die völlige *Unabhängigkeit der Qualitätssicherung*, erfordert jedoch den höchsten Personalbedarf. Die Qualitätssicherung ist allein der Geschäftsführung verantwortlich und leitet ihr die festgestellten *Mängel* und *Audit-berichte* zu. Der Leiter der Prüfeinrichtung (Laborleiter) wird von der Geschäftsführung zu den ggf. notwendigen Korrekturmaßnahmen aufgefordert und hat ihr über die Durchführung und Erfolge sowie etwaige Probleme zu berichten.

Eine weitere Variante der *organisatorischen Zuordnung*, das Modell 2, ist in Abb. 5-2 dargestellt. Dieses Modell dürfte der in der Praxis am häufigsten anzutreffende Fall sein. Hierbei koordiniert der Beauftragte für Qualitätssicherung gemeinsam mit dem Laborleiter die QS-Maßnahmen und ggf. notwendige Änderungen. Über diese Maßnahmen ist je nach den getroffenen Regelungen die Geschäftsführung zu unterrichten.

Das in Abb. 5-3 dargestellte Modell 3 zeigt die Möglichkeit, auch bei geringem Personalstand die Funktionen der Qualitätssicherung zu erfüllen. Die Aufgaben der Qualitätssicherung werden wechselseitig von Prüfleiter 2 und Prüfleiter 3 übernommen. Hierbei ist Prüfleiter 2 für

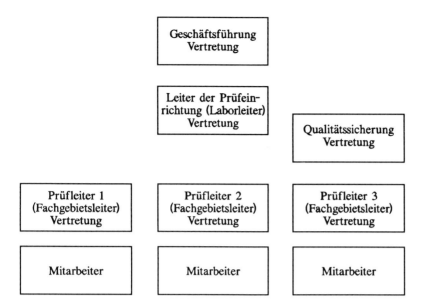

Abb. 5-2. Modell 2 : Die Qualitätssicherung ist dem Leiter der Prüfeinrichtung zugeordnet.

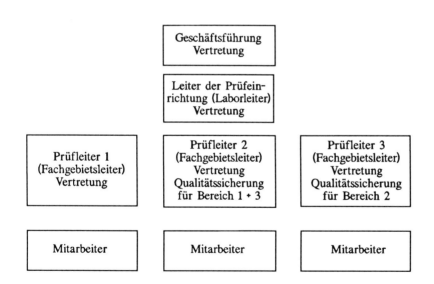

Abb. 5-3. Modell 3: Die Qualitätssicherung ist dem Leiter der Prüfeinrichtung mit Doppelfunktion zugeordnet.

die Qualitätssicherung des Bereichs 1 und 3 zuständig. Prüfleiter 3 ist für die Qualitätssicherung des Bereichs 2 und in Vertretung auch für Bereich 1 verantwortlich.

Weiterhin ist es möglich, die Qualitätssicherung von externer Seite im Auftrag durchführen zu lassen (Abb. 5-4). Eine externe Qualitätssicherung empfiehlt sich für Laboratorien, denen eine interne Qualitätssicherung zu personal- und/oder kostenintensiv ist. Hierbei wird in Abstimmung mit der behördlichen Seite in festgelegten Abständen ein Auditbericht für die Geschäftsführung erstellt, die anschließend die erforderlichen Maßnahmen veranlassen muß. Vorteile dieser externen Qualitätssicherung kann zum einen die schnellere Akzeptanz eines außenstehenden Fachmannes für Qualitätssicherung gegenüber einem ansonsten früherern "Kollegen" und zum anderen der ggf. geringere Zeitaufwand durch die Verfügbarkeit der bisherigen Erfahrungen des beauftragten Unternehmens sein. Nachteilig kann sich aber die nicht permanent verfügbare Hilfestellung auswirken.

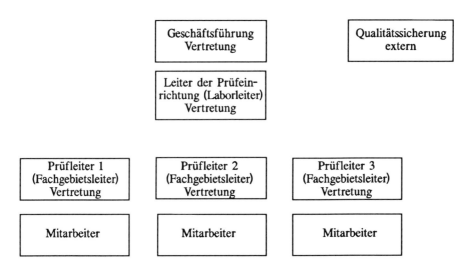

Abb. 5-4. Modell 4: Extern in Anspruch genommene Qualitätssicherung.

5.3 Der Beauftragte für Qualitätssicherung

Die Schlüsselstellung im Qualitätsmanagement hat der *Beauftragte* bzw. *Leiter für die Qualitätssicherung* . Er ist für die

- Erstellung,
- Umsetzung und
- Aktualisierung

der notwendigen Qualitätssicherungsmaßnahmen verantwortlich und wird meist vom Leiter der Prüfeinrichtung (Laborleiter) ernannt. Je nach Größe und Aufgabenspektrum der Institution können hierfür auch mehrere Mitarbeiter notwendig sein. Wichtig für die Wahl des Beauftragten für Qualitätssicherung ist seine

– Motivation,
– Führungsqualifikation,
– Vertraulichkeit und
– Sachkunde,

ohne die eine *Anerkennung* und *Aktivierung zur Mitarbeit* bei den Mitarbietern des Labors nur schwer oder unvollständig zu erreichen ist. Um eine ausreichende *Akzeptanz* auch auf der Ebene der Prüfleiter (Fachgebietsleiter) zu erreichen, sollte ein ähnlicher *Ausbildungsstand* gegeben sein. In den meisten Fällen wird der Leiter der Qualitätssicherung ein abgeschlossenes Hochschul-/Fachhochschulstudium absolviert haben. Es spricht aber nichts gegen einen entsprechend qualifizierten Techniker.

Die Auswahl muß alle Gegebenheiten berücksichtigen. Eine Forderung der DIN 45001 ist der direkte Zugang des Beauftragten für Qualitätssicherung zur Geschäftsleitung. Nach GLP darf er zudem nicht mit Prüfdurchführungen beauftragt werden und muß mit den Prüfverfahren vertraut sein. Aufgrund der großen Vielfalt an Verfahren ist es heutzutage nur schwer möglich, alle Methoden vollständig zu beherrschen, jedoch sollten alle Grundprinzipien in ausreichendem Maße bekannt sein. Man muß berücksichtigen, daß zum Beispiel die Deutschen Einheitsverfahren zur Wasser-, Abwasser- und Schlammuntersuchung 1935 einen Umfang von 22 Seiten mit 17 Verfahren, 1954 von 180 Seiten mit 108 Verfahren hatten und dies heute auf 4 Bände mit 186 Verfahren angewachsen ist.

Zu den wichtigsten Aufgaben des Beauftragten für Qualitätssicherung gehört es

– das Qualitätssicherungshandbuch zu erstellen und zu pflegen,
– die Qualitätssicherungsmaßnahmen zu dokumentieren,
– Standardarbeitsanweisungen (SAA) von der Probenahme bis zur Archivierung zu erstellen oder erstellen zu lassen,
– die Einhaltung der Qualitätssicherungsmaßnahmen zu überwachen und Qualitätsaudits durchzuführen sowie
– korrigierende Maßnahmen bei Beanstandungen zu veranlassen und ggf. Standardarbeitsanweisungen zu überprüfen und zu ändern.

Durchzuführende Qualitätssicherungsmaßnahmen werden mit den verantwortlichen Prüfleitern (Fachgebietsleitern) abgestimmt oder von der Laborleitung veranlaßt. Es liegt also keine *Weisungbefugnis* der Qualitätssicherung gegenüber den Mitarbeitern vor, sondern es wird grundsätzlich nur beobachtet und berichtet. Eine andere Regelung würde zwangsläufig zu Konflikten in der Kompetenz zwischen Qualitätssicherung und Prüfleiter führen.

5.4 Die betriebsinterne Arbeitsgruppe für Qualitätssicherung

Um die Qualitätssicherung zu unterstützen und QS-Maßnahmen praxisgerecht und im nötigen Umfang umzusetzen, hat es sich nach eigenen Erfahrungen bewährt, einen laborinternen Arbeitskreis „Qualitätssicherung der Analytik" zu bilden, der mindestens viermal im Jahr tagen sollte. Mitglieder sollten überwiegend Mitarbeiter der verschiedenen Arbeitsgebiete auf der Ebene Ingenieure und Chemotechniker sein, die eine lange praktische Erfahrung haben.

Im Rahmen dieses Arbeitskreises werden z.B. *Novellierungen von DIN-Verfahren* und deren Umsetzungen in den praktischen Laborbetrieb diskutiert sowie interne Ringversuche vorbereitet.

In der Einführungsphase der QS hat sich als erster Schritt eine

– Bestandsaufnahme der durchgeführten Analysenverfahren,
– der verwendeten Geräte und
– der Vergleich mit den gesetzlichen Anforderungen

als sinnvoll erwiesen. Aufgrund dieser Erkenntnisse kann eine *Harmonisierung* und *Verein-heitlichung* erreicht werden, da einige DIN-Verfahren nicht in allen Punkten denselben Verfahrensgang vorschreiben, sondern Alternativen zulassen. Aus Gründen der besseren Reproduzierbarkeit und Vergleichbarkeit innerhalb des Labors lassen sich diese Möglichkeiten weitestgehend einschränken.

Zur weiteren *Eigenkontrolle* sollten mindestens zweimal jährlich laborinterne Ringversuche sowohl mit synthetischen als auch realen Proben zu den wichtigsten Meßgrößen durchgeführt werden. Nach den bisherigen Erfahrungen lassen sich hierdurch auch bei Kenntnis der Mitarbeiter, daß es sich um *Kontrollproben* handelt, systematische Fehler erkennen und beseitigen. Zum Beispiel zeigte sich bei einem BSB-Ringversuch anhand der Streubreite der Wiederfindungsraten des Glucose/Glutamin-Standards, der sich bei allen Teilnehmern im Rahmen der DIN-Norm bewegte, daß eine Vereinheitlichung in der Art und Menge des Animpfwassers für eine weiter verbesserte Vergleichbarkeit sorgte. In einem anderen Fall führten die Ergebnisse eines Chrom-VI-Ringversuches, der in realer Matrix starke Minderbefunde zeigte, zu der Überlegung, die aufwendige und nicht zuverlässige *Probenstabilisierung* des DIN-Verfahrens zu verwerfen und dafür die Proben besser vor Ort direkt zu analysieren, was allerdings einen zusätzlichen Aufwand an Arbeit und Geräten bei der Probenahme bedeutet. Hier zeigt ein Erfahrungsaustausch über verwendete Geräte oder Verfahren sichtbare Erfolge, vor allem bezüglich der *Akzeptanz der Notwendigkeit* von Qualitätssicherungsmaßnahmen.

5.5 Qualitätssicherungsmaßnahmen

5.5.1 Gerätewartung

Für alle Geräte, die nicht nach den DIN-Vorschriften einer Kalibrierung unterworfen werden, ist eine den Gegebenheiten anzupassende *Wartung* und *Überprüfung* vorzunehmen. In diesem Zusammenhang muß darauf hingewiesen werden, daß eine *Eichung* nur von der zuständigen *Eichbehörde* vorgenommen werden kann. Im Rahmen einer laborinternen Qualitätssicherung ist nur die *Justierung* oder *Kalibrierung* möglich.

Zu Geräten, die einer Wartung unterliegen, gehören u.a.

- Waagen,
- Fotometer,
- Kühl- und Gefriereinrichtungen,
- Thermostate,
- Trockenschränke,
- Muffelöfen,
- Heizblöcke,
- Mikroliter-Kolbenhubpipetten,
- pH-, Leitfähigkeits- und Sauerstoffmeßgeräte.

Anhand bekannter Normale (z.B. Graufilter, Thermometer mit Eichschein) werden in festgelegten Intervallen die Geräte geprüft und die Prüfung entsprechend dokumentiert.

Diese Arbeiten können auch im Rahmen eines Wartungsvertrages, z.B. für Waagen, von Fremdfirmen übernommen werden, die entsprechende Prüfprotokolle und -plaketten austellen. Hilfreich für die selbst durchgeführten Arbeiten sind vorgegebene Standardformulare und Standardprüfanweisungen, auf denen auch Maßnahmen bei Beanstandungen mitgeteilt werden. Beispiele hierfür sind nachfolgend abgebildet (Abb. 5-5 bis 5-9).

58

Firma X	Kontrollblatt für Mikroliter-Kolbenhubpipetten	
Labor Y	V= µl Festvolumen	
Stand : 21.10.93	SAA : 15	Blatt : 1-1

Kontrolliert von : _____   Datum:_____

Hersteller : _____   Volumen : _____ µl

Typ : _____   Nummer : _____

1	g
2	g
3	g
4	g
5	g
6	g
7	g
8	g
9	g
10	g
$\overline{X}$	g

Wassertemperatur : _____

Wasserdichte   : _____

Volumen   : _____

% Abweichung   : _____

Zur Kontrolle wird eine Mikro- oder Halbmikrowaage mit geeigneter Empfindlichkeit benötigt. Die Messung erfolgt durch Wägung des auspipettierten Wassers (ca. 20° C). Die Dichte des Wassers ist zu berücksichtigen.
Die Abweichung sollte nicht mehr als 1 % betragen, anderenfalls ist die Mikroliter-Kolbenhubpipette zum Austausch an die Qualitätssicherung weiterzuleiten.

Abb. 5-5. Beispiel für ein Kontrollblatt für Mikroliterkolbenhubpipetten.

Firma X Labor Y	Kontrollblatt für Fotometer	
Stand : 19.10.93	SAA : 18	Blatt : 1-1

Kontrolliert von : _____   Datum : _____

Fotometer-Typ : _____   Geräte-Nr. : _____

Meßwellenlänge: 550 nm

Grauglasfilter Nr.	gemessen gegen Klarglasfilter-Nr.	Soll-Extinktion	gemessene Extinktion	% Abweichung
30902	31362	0,3135		
30842	31362	0,6420		
30792	31362	0,9580		
31132	31362	1,4380		
31062	31362	2,0020		

Die Abweichung sollte nicht mehr als 1 % betragen, anderenfalls ist die Qualitätssicherung zu benachrichtigen.

Die Filter stehen bei der Qualitätssicherung zur Verfügung.

Abb. 5-6. Beispiel für ein Kontrollblatt für Fotometer.

Firma X Labor Y	Kontrollblatt für Waagen	
Stand : 18.10.93	SAA : 22	Blatt : 1-1

Kontrolliert von : _____   Datum : _____

Waagen-Typ : _____   Wägebereich : _____

Geräte-Nr. : _____

Soll-Gewicht	ermitteltes Gewicht	% Abweichung

Die Abweichung sollte nicht mehr als die Herstellertoleranz betragen, anderenfalls die Qualitätssicherung benachrichtigen.

Die Gewichte stehen bei der Qualitätssicherung zur Verfügung.

Abb. 5-7. Beispiel für ein Kontrollblatt für Waagen.

Firma X Labor Y	Kontrollblatt für Kühl- und Trockeneinrichtungen	
Stand : 03.11.93	SAA : 25	Blatt : 1-1

Geräte-Typ / Nr.	Soll-Temperatur	gemessene Temperatur	Kontrolliert von	Datum

Die Abweichung sollte nicht mehr als die Herstellertoleranz betragen, anderenfalls ist die Qualitätssicherung zu benachrichtigen.

Geeichte Thermometer stehen bei der Qualitätssicherung zur Verfügung.

Abb. 5-8. Beispiel für ein Kontrollblatt für Kühl- und Trockeneinrichtungen.

Firma X Labor Y	Kontrollblatt für Sauerstoffmeßgeräte	
Stand : 18.11.93	SAA : 28	Blatt : 1-1

Geräte-Typ : _____   Geräte.Nr. : _____

1. Den Nullpunkt mittels einer Natrium-Sulfitlösung ermitteln (siehe DIN 38408 G22).

2. Die Ansprechzeit in Luft sollte unter der Herstellerangabe liegen, anderenfalls ist die Qualitätssicherung zu benachrichtigen.

3. Ggf. Pkt. 1 und 2 wiederholen.

Nullpunkt mg/l O_2	Ansprechzeit in Minuten	Kontrolliert von	Datum

Abb. 5-9. Beispiel für ein Kontrollblatt für Sauerstoffmeßgeräte.

5.5.2 Kalibrierung und Prüfung der Verfahrenskenngrößen

Notwendige Kalibrierungen der Analysengeräte ergeben sich aus

- den Anforderungen der DIN-Normen,
- den Anforderungen der Gerätehersteller und
- den gesetzlichen Auflagen.

Diese sind regelmäßig durchzuführen. Mindestens einmal jährlich oder bei Änderungen des Bedienungspersonals sowie den verwendeten Geräten wird nach DIN 38402 A51 gefordert, daß die *Verfahrenskenngrößen* zu überprüfen sind. Aufgrund der Anforderungen aus der DIN ist hiermit ein erheblicher Arbeitsaufwand verbunden, da für jedes zu prüfende Verfahren 28 Einzelstandards zu vermessen sind und diese gegebenfalls noch in Abhängigkeit von der Problemstellung *matrixbezogen*. Aufgabe der Qualitätssicherung ist es, die erforderliche *Genauigkeit* festzulegen, geeignete *Normale* auszuwählen und für eine statistische Auswertung und entsprechende Dokumentation zu sorgen.

5.5.3 Gerätebuch

Zu jedem größeren Analysengerät sollte ein *Gerätebuch* angelegt werden, in dem

- Anschaffungsdatum,
- Zustand des Gerätes (neu oder gebraucht),
- Service-Leistungen,
- Wartungsarbeiten,
- durchgeführte Reparaturen und
- Änderungen des Gerätes

dokumentiert werden. Hierzu können auch die *Service-Protokolle* des beauftragten Unternehmens dienen. Als „Abfallprodukt" ist auch eine schnelle Kontrolle über gegebenenfalls noch bestehende *Garantieansprüche* gegeben. Die Aufzeichnungen sollten auch *Eigenreparaturen* und Beseitigung von Störungen umfassen, da diese Informationen eine Hilfe für einen Vertretungsfall bei erneutem Auftreten desselben Fehlers sind und unnötige Fehlersuche vermeiden helfen. Desweiteren dienen sie als Grundlage für Korrekturmaßnahmen bei unplausiblen Meßergebnissen. Eine Lose-Blatt-Sammlung ist eine für ein Gerätebuch durchaus akzeptable und praktikable Form. Jedes Blatt und jedes eingeheftete Service-Protokoll ist dabei durchzunummerieren. Nachfolgend ist ein Beispiel aufgeführt.

Datum	Bemerkung
24.03.91	Perkin-Elmer HPLC LC 250,240,480, ISS 200 Zustand : neu
28.03.91	Inbetriebnahme durch Service
27.09.91	neue Vorsäule eingebaut
30.10.91	Probenschleife undicht, Siebe auf Säule + Vorsäule ausgewechselt
15.11.91	Probengeber findet Aufgabeventil nicht, Service angefordert
18.11.91	Servive-Reparatur Probengeber
15.12.91	LC 480 : Lampe zündet nicht, neue Lampe eingebaut
18.01.92	neue Säule eingebaut, Anfangsdruck 150 bar

Abb. 5-10. Beispiel für ein Gerätebuch zu einem HPLC-Gerät.

5.5.4 Interne und externe Qualitätssicherung

Jeder Prüfleiter hat die Qualität der in seiner Zuständigkeit ermittelten Analysenwerte abzusichern. Hierzu sind sowohl externe als auch interne Qualitätssicherungsmaßnahmen durchzuführen. Diese Forderung gilt für alle durchzuführenden Arbeitsschritte. Die Leitung der Qualitätssicherung ist dafür zuständig, daß Qualitätssicherungsmaßnahmen systematisch erfaßt und ausgewertet werden. Sie hat darüber regelmäßig alle 3 Monate der Leitung der Prüfeinrichtung (Laborleitung) bzw. der Geschäftsführung zu berichten und die Qualitätssicherungsmaßnahmen zu überwachen.

Die Prüfleiter sind dafür zuständig, die geeigneten Qualitätssicherungsmaßnahmen einzuleiten oder beschlossene Qualitätssicherungsmaßnahmen umgehend auszuführen. Hierzu gehören sowohl interne als auch externe QS-Maßnahmen. Im Rahmen der internen Qualitätssicherung sind arbeitstäglich oder serienbezogen Qualitätssicherungsmaßnahmen durchzuführen, die dazu dienen, Fehler

– zu erkennen,
– zu beseitigen und
– zu verhindern.

Hierzu eignen sich besonders *Qualitätsregelkarten*. Die Art und Anzahl der zu führenden Qualitätsregelkarten hängt von den gesetzlichen Auflagen, aber auch von der zu prüfenden Analytik ab.

In der Routine sollte die Kontrolle der Kenngrößen

- Blindwerte
- Wiederfindungsrate
- Mittelwert
- Standardabweichung
- Differenzen (Doppelbestimmungen)

erfolgen. Hierzu können

- Standardlösungen,
- zertifizierte Standards,
- reale Proben und
- Standardaddition

eingesetzt werden. Typische Qualitätsregelkarten sind

- Mittelwertkontrollkarten, ggf. einschließlich Blindwert,
- Wiederfindungsratenkontrollkarten und
- Spannweitenkontrollkarten.

Anhand der Mittelwertkontrollkarte eines Standards wird die *Präzision* des angewendeten Verfahrens überwacht, die Wiederfindungskontrollkarte zeigt Fehler durch *Matrixeinflüsse* auf und die Spannweitenkontrollkarte überprüft die Präzision der Verfahrens unter Berücksichtigung der Matrix.

Desweiteren sollte die *Plausibilitätskontrolle* als wichtiger Faktor der Qualitätssicherung mit einbezogen werden. Dies geschieht durch den Vergleich der erhaltenen Analysenwerte mit vorhandenen oder erwarteten Werten. Wie Qualitätsregelkarten erstellt und interpretiert werden, wird in Kapitel 9 angesprochen.

Soweit nicht schon durch die Qualitätsregelkarten vorgesehen, sind zusätzlich

- Mehrfachbestimmungen,
- Wiederholmessungen und
- Kontrollen mit eigenen oder zertifizierten Standards

regelmäßig durchzuführen und zu dokumentieren. Der Blindwert muß einer ständigen Kontrolle unterliegen, insbesondere bei Wechsel oder Neuansatz von Chemikalien. Mindestens einmal jährlich ist die Bestimmung der *Verfahrenskenngrößen* nach DIN 38402 A 51 durchzuführen.

Zur externen Qualitätssicherung gehört die Teilnahme an den Ringversuchen von behörd-licher Seite, an freiwilligen nationalen oder internationalen Ringversuchen und solchen, die z.B. im Rahmen der Tätigkeiten von DIN-Arbeitskreisen anfallen. Hierdurch besteht eine Kontrolle der eigenen Leistungsfähigkeit bezüglich neuer Verfahren und Methoden im Vergleich zu anderen Untersuchungslabors.

5.5.5 Beschaffung

Ein wichtiger Aspekt der Qualitätssicherung ist auch die Beschaffung der notwendigen Materi-alien und Geräte. Hier sollten von der Seite der Qualitätssicherung die Qualität der *Zulie-ferungen* sichergestellt werden, indem eine

- – Prüfung,
- – Beurteilung,
- – Auswahl und
- – Zulassung

von Zulieferern erfolgt. Zusätzlich sollten die beschafften Produkte einer *Abnahmeprüfung* unterzogen werden, um sicherzustellen, daß DIN- oder anderweitige Vorschriften eingehalten werden. Von vielen Unternehmen, z.B. Chemikalienlieferanten, ist bereits eine Zulassung nach ISO 9000 erfolgt und somit die Qualität des Lieferanten und seiner Produkte dokumentiert. Im Rahmen der Qualitätssicherung sollte man sich nicht blind auf Zulassungen und Zertifi-zierungen verlassen, da nie auszuschließen ist, daß Produkte und Dienstleistungen mängelfrei sind.

5.5.6 Angabe von Ergebnissen

Alle Analysenverfahren haben eine untere *Bestimmungsgrenze*, einen *Arbeitsbereich* und eine endliche *Genauigkeit*. Dies ist bei der Angabe von Untersuchungsergebnissen in den Abschluß-berichten zu berücksichtigen. Da in den verschiedenen DIN-Normen keine einheitlichen Vorgaben zur *Ergebnisangabe* gemacht werden, ist es sinnvoll, hierzu eine Standardarbeits-anweisung zu erstellen. In den Normen werden zum einem die Bereiche genannt, in denen die Ergebnisse mit wievielen Stellen angegeben werden sollen, zum anderen werden nur die maximal zulässigen signifikanten Stellen genannt, wie die nachfolgende Tabelle 5-1 zeigt. Die Erstellung einer Norm zur „Angabe von Analysenergebnissen" soll zukünftig Abhilfe schaffen.

Tab. 5-1. Beispiele für die Ergebnisangaben nach DIN-Normen.

Parameter	Verfahren	Ergebnisangabe
Chlorid	DIN 38405 D1	auf 1 mg/l gerundet, max. 3 signifikante Stellen
Nitrat	DIN 38405 D9	<1 mg/l auf 0,01 mg/l >1 mg/l auf 0,1 mg/l
Orthosphat und hydrolisierbares Phosphat	DIN 38405 D11	<0,1 mg/l auf 0,001 mg/l >0,1 bis 10 mg/l auf 0,01 mg/l > 10 mg/l auf 0,1 mg/l nicht mehr als 3 signifikante Stellen

Ein weiteres Problem kann die *Rundung von Meßergebnissen* sein. Nach Funk et al. [5.4] wirken sich Rundungsfehler vor allem bei hohen Potenzen, Summen- und Differenzenbildungen nachteilig auf die *Rechengenauigkeit* aus. Es sollte daher bis zum Ende eines Rechenganges für einen Analysenwert mit sovielen Stellen wie möglich gerechnet werden.

Aus der novellierten Klärschlammverordnung [5.5] ergibt sich die Notwendigkeit, Mittelwerte aus 2 Einzelbestimmungen mit 2 signifikanten Stellen anzugeben. Die Mittelwertbildung muß hierbei aus den Endresultaten der Einzelbestimmungen nach der Rundung erfolgen, nicht aus den nicht DIN-gerechten Rohwerten, da sonst ein unplausibler Mittelwert angeben werden würde (siehe Tabelle 5-2).

Tab. 5-2. Beispiele für die Ergebnisangaben nach Klärschlammverordnung.

1. Messung	2.Messung	Mittelwert	Bemerkung
18200	18600	(18400) gerundet : 18000	falsch
gerundet: 18000	gerundet: 19000	19000	richtig

5.5.7 Praktische Erfahrungen

In vielen Fällen zeigt die Qualitätssicherung Erfolge in einer verbesserten Analytik. Durch die durchgeführten Maßnahmen werden eventuelle Fehler schnell erkannt und können kurzfristig beseitigt werden. So traten zum Beispiel bei einer Störung in der Entsalzungsanlage erhöhte Blindwerte auf. In einem anderen Fall ergab eine zu niedrige Wiederfindung des BSB-Standards eine Störung der Regelung des Inkubationsschrankes.

Die Akzeptanz der Qualitätssicherung durch die Mitarbeiter kann in der Regel erst nach einiger Zeit erreicht werden. Zu Beginn wird vor allem nur die *Kontrolle der Arbeit* (wir sind doch erfahrene Mitarbeiter und brauchen das alles nicht) und die wesentliche *Mehrarbeit* trotz des gleich gebliebenen Probenumfangs gesehen. Diese Einstellung änderte sich jedoch mit der Zeit, vor allem nach Durchführung der ersten Ringversuche mit einfachen Kenngrößen, wie Chlorid nach Mohr, pH- und Leitfähigkeits-Messung. Bei diesen traten trotz der „Einfachheit" der Parameter einige Außreißer auf, die den Mitarbeitern zu denken gaben. Desweiteren wurde von den Mitarbeitern erkannt, daß ein mituntersuchter Standard nicht unbedingt eine Kontrolle der eigenen Fähigkeiten sein muß, sondern eine gute Wiederfindung bestätigt, daß das Gesamtverfahren funktioniert, bzw. bei Fehlwerten eine Störung schnell erkannt und beseitigt werden kann.

Etwas anders sieht das Bild der Akzeptanz in den Bereichen der instrumentellen Analytik aus, da hier bei der überwiegenden Zahl der durchgeführten Untersuchungen wie z.B. beim gesamten organischen Kohlenstoff (TOC) oder der Schwermetallanalytik mittel Atom-Absorptions-Analyse grundsätzlich eine arbeitstägliche Kalibrierung vorgenommen wird und die Mitarbeiter auch innerhalb der Serien Standards mitmessen. Hier fehlte vorwiegend die entsprechende Dokumentation der durchgeführten Qualitätssicherungsmaßnahmen in z.B. Qualitätsregelkarten. Eine wesentliche Mehrarbeit ist hier nicht gegeben.

Der Mehraufwand für die Qualitätssicherung beträgt nach eigenen Erfahrungen mindestens ca. 25-30 % der durchgeführten Bestimmungen, kann jedoch bei Verfahren, die nicht routinemäßig und nur mit geringen Probezahlen durchgeführt werden, auch 50 % und mehr betragen. Das beinhaltet

- Blindwerte,
- Standards,
- Eichungen und
- Doppelbestimmungen.

Hierbei ist der zusätzlich benötigte Mitarbeiter für die Qualitätssicherung, der in Abhängigkeit von der Mitarbeiterzahl auch vollständig für diese Arbeiten gebunden sein kann, nicht berücksichtigt. Ein weiterer Punkt ist der erhebliche einmalige Aufwand, der dafür nötig ist, die Standardarbeitsanweisungen zu erstellen, die später nur noch jeweils dem Stand der Technik bzw. den DIN-Vorschriften anzupassen sind.

5.6 Literatur

[5.1]   DIN 55350 Teil 11 : Begriffe der Qualitätssicherung und Statistik. Grundbegriffe der Qualitätssicherung (September 1990)

[5.2]   Allgemeine Verwaltungsvorschrift zum Verfahren der behördlichen Überwachung der Einhaltung der Grundsätze der Guten Laborpraxis (ChemVwV-GLP) vom 24.Oktober 1990, Bundesanzeiger Nr. 204a, 31.10.1990

[5.3]   DIN EN 45001 : Allgemeine Kriterien zum Betreiben von Prüflaboratorien (Mai 1990)

[5.4]   Funk, W.; Dammann, V.; Donnevert, G.: *Qualitätssicherung in der Analytischen Chemie.* Weinheim: VCH, 1992

[5.5]   Klärschlammverordnung (AbfKlärv) vom 15.April 1992, Bundesgesetzblatt Teil I, Nr. 21, 1992

6 Qualitätssicherungshandbuch

6.1 Vorbemerkungen

Nach den Anforderungen der DIN 45001 müssen in einem Prüflaboratorium die Elemente des Qualitätssicherungssytems in einem Qualitätssicherungshandbuch niedergelegt werden. Darin wird beschrieben, in welcher Art und Weise die *Qualitätspolitik des Unternehmens* bzw. des Laboratoriums umgesetzt wird.

Das nachfolgend vorgestellte Qualitätssicherungshandbuch soll eine Hilfestellung dafür sein, ein firmeninternes Qualitätssicherungshandbuch zu erstellen. Der Aufbau entspricht den Anforderungen der DIN 45001. Es ist jedoch zu beachten, daß dieses nur ein Beispiel sein kann und auf jeden Fall eine Anpassung an die eigenen Verhältnisse und behördlichen Vorgaben vorgenommen werden muß.

Da das Qualitätssicherungshandbuch laufend geändert und ergänzt werden muß, um aktuelle Anforderungen der Qualitätssicherung zu berücksichtigen, hat sich in der Praxis als Form eine *Lose-Blatt-Sammlung* bewährt. Der Inhalt des Qualitätssicherungshandbuches soll nach DIN 45001 mindestens umfassen

– Aussagen zur Qualitätspolitik,
– Aufbau und Organisation des Prüflaboratoriums (z.B. als Organigramm),
– Aufgaben und Kompetenzen zur Qualitätssicherung für jede Person (Umfang, Grenzen und Verantwortlichkeiten müssen klar sein),
– allgemeine Abläufe der Qualitätssicherung,
– spezielle Abläufe der Qualitätssicherung für jede einzelne Prüfung,
– Bezugnahme auf Eignungsprüfungen, Verwendung von Referenzmaterial,
– Festlegung des Informationsrückflusses und korrigierender Maßnahmen, wenn Unstimmigkeiten bei Prüfungen festgestellt werden und
– Festlegungen zur Behandlung von Beanstandungen.

Das QS-Handbuch besteht aus allgemeinen und bereichsspezifischen Teilen. Das Original des gesamten Handbuchs muß in ständiger Verfügbarkeit des Beauftragten für die Qualitätssicherung sein. Eine vollständige Kopie erhält der Leiter der Prüfeinrichtung. Die Fachgebietsleiter benötigen neben den allgemeinen Teilen nur die für sie relevanten speziellen Teile.

6.2 Beispiel für ein Qualitätssicherungshandbuch

Für das QS-Handbuch empfiehlt sich für jede Seite ein Kopf, der

- die Firmenbezeichnung,
- die Kapitelnummer,
- die Seitenzahlen,
- die Prüfzeichen der verantwortlichen Personen und
- das letzte Gültigkeitsdatum

enthalten sollte. Es hat sich als sinnvoll erwiesen, das QS-Handbuch mit einem Deckblatt, gefolgt von einer Inhaltsangabe, beginnen zu lassen.

Da es nötig ist, den Inhalt des QS-Handbuches zu erweitern oder zu aktualisieren, ist es vorteilhaft, die Seiten kapitelweise hochzuzählen und dabei anzugeben, die wievielte Seite vom Gesamtumfang des Kapitels gerade vorliegt. Im Fall von Änderungen erleichtert dies die Einordnung der neuen und der auszutauschenden Blätter.

Wenn es im Laboratorium QS-Handbücher verschiedenen Umfangs gibt (z. B. für Labor- und Fachgebietsleiter), muß der Beauftragte für die Qualitätssicherung dies bei Änderungs- diensten berücksichtigen.

Das nachfolgend aufgeführte Beispiel wurde in Anlehnung an einen praktischen Fall erstellt. Die in einigen Zusammenstellungen aufgeführten Firmen sind auf dem deutschen Markt eta- bliert, sie sind aber nur als beispielhaft anzusehen. Es gibt eine Vielzahl weiterer Firmen, die gleichwertig genannt werden könnten. Deren Produkte sind bezüglich der Funktionalität und Qualität vergleichbar. An dieser Stelle sei ausdrücklich darauf hingewiesen, daß für keine der genannten Firmen geworben werden soll.

Firma XY	Qualitätssicherungshandbuch	geprüft : QS
Labor Z		geprüft : L-PE
Kapitel : 0	Seite : 1 von 2	Stand : II.II.IIII

Qualitätssicherungshandbuch

der Firma XY für das Laboratorium Z

Exemplar-Nr.: 1

Für die Bearbeitung und den Änderungsdienst des Qualitätssicherungshandbuches ist der Leiter der Qualitätssicherung und dessen Vertreter zuständig.

Für die Einordnung und den Austausch von geänderten Abschnitten werden Hinweisblätter beigefügt. Diese sind am Ende des QS-Handbuches abzulegen.

Firma XY Labor Z	Qualitätssicherungshandbuch	geprüft : QS
		geprüft : L-PE
Kapitel : 0	Seite : 2 von 2	Stand : II.II.IIII

Inhaltsverzeichnis

1 Qualitätspolitik

2 Darstellung des Unternehmens

3 Organigramm

4 Aufbau der Qualitätssicherung

5 Geschäfts- und Laborordnung

6 Unterschriftsproben

7 Qualifikation und Schulung

8 Beschaffung von Material und Geräten

9 Probenlauf, Kennzeichnung und Rückverfolgung

10 Durchführung von Untersuchungen

11 Qualitätsprüfungen (Qualitätsregelkarten)

12 Meßgeräteüberwachung (Kontrollbuch für Laborgeräte)

13 Behandlung fehlerhafter Resultate

14 Korrekturmaßnahmen

15 Interne Qualitätsaudits

16 Statistische Verfahren

17 Liste der anzuwendenden Verfahren

18 Ergebnisangabe, Bestimmungsgrenzen und Konservierung

19 Dokumentation und Archivierung (Prüfberichte)

20 Referenzsubstanzen

21 QS-Arbeitsanweisungen

22 Inventurverzeichnis der Analysengeräte

23 Unfallverhütungsvorschriften

24 Entsorgung

25 Gesetze und Verordnungen

26 Liste der eingesetzten Kontrollkarten

27 Anleitung zur Beurteilung der Kontrollkarten

Firma XY Labor Z	Qualitätssicherungshandbuch	geprüft : QS geprüft : L-PE
Kapitel : 1	Seite : 1 von 1	Stand : II.II.IIII

Qualitätspolitik

Die Leitung des Laboratoriums legt mit dem Qualitätssicherungshandbuch ihre Qualitätspolitik für die Durchführung von Wasser-, Boden - und Schlammuntersuchungen fest.

Die Ergebnisse der Untersuchungen sind eng mit deren Qualität verbunden und stehen in direktem Zusammenhang mit den Anforderungen der gesetzlichen Auflagen.

Alle Leiter der Abteilungen des Laboratoriums sind aufgefordert, in diesem Sinne ihren Beitrag zu leisten und dafür zu sorgen, daß die hierzu erstellten Qualitätssicherungsmaßnahmen umgesetzt werden.

Das Laboratorium ist so auszustatten, daß sowohl die technischen als auch personellen Vorraussetzungen für eine präzise und zuverlässige Anayltik gegeben sind, sowie dem aktuellen Stand der Technik angepaßt werden. Das Personal muß ausreichend qualifiziert sein und durch gegeignete Schulungsmaßnahmen weitergebildet werden.

Die eingesetzten Prüfmethoden sind in schriftlicher Form bereitzustellen und den neuesten Erkenntnissen anzupassen.

Jeder Mitarbeiter hat darauf hinzuwirken, daß die Erstellung von Untersuchungsergebnissen mit einwandfreier Qualität erfolgt und sollte Fehler

- in der Organisation,
- in der Dokumentation und Archivierung,
- an Geräten und Chemikalien,
- bei den Prüfmitteln und -verfahren sowie
- bei der Einhaltung gesetzlicher Vorschriften

der Laborleitung melden.

Organisation und Verfahren der Qualitätssicherung werden den neuesten Erkenntnissen und gesetzlichen Erfordernissen angepaßt.

Firma XY Labor Z	Qualitätssicherungshandbuch	geprüft : QS
		geprüft : L-PE
Kapitel : 2	Seite : 1 von 1	Stand : II.II.IIII

Darstellung des Unternehmens

Anschrift   :   Firma XY AG

Laboratorium Z

Liebigweg 10

99999 Kolben

Aufsichtsrat :   Dr. Rein, Vorsitzender

Dr. Kern, stellv. Vorsitzender

Vorstand   :   Dr. Eisen, Vorsitzender

Dr. Mangan, stellv. Vorsitzender

Laborleitung :   Dr. Hast

Rechtsform   :   Aktiengesellschaft

Mitgliedschaft in Vereinigungen und Ausschüßen :

Gesellschaft Deutscher Chemiker, Fachgruppe Wasserchemie, Frankfurt

Abwassertechnische Vereinigung (ATV), Hennef

DIN-Arbeitskreise D,F,G

Dientleistungsvertrag :

Institut für Biotests

Laubstr.85

88888 Nieder

Art der Leistung : Fischtest

Firma XY Labor Z	Qualitätssicherungshandbuch	geprüft : QS
		geprüft : L-PE
Kapitel : 3	Seite : 1 von 1	Stand : II.II.IIII

Organigramm

Geschäftsführung Vertretung

Qualitätssicherung Vertretung

Leiter der Prüfein- richtung (Laborleiter) Vertretung

Prüfleiter 1 (Fachgebietsleiter) Vertretung	Prüfleiter 2 (Fachgebietsleiter) Vertretung	Prüfleiter 3 (Fachgebietsleiter) Vertretung

Mitarbeiter	Mitarbeiter	Mitarbeiter

Firma XY	Qualitätssicherungshandbuch	geprüft : QS
Labor Z		geprüft : L-PE
Kapitel : 4	Seite : 1 von 2	Stand : II.II.IIII

Aufbau der Qualitätssicherung

– Organisation

Leiter der Qualitätssicherung: Herr C

Vertreter Qualitätssicherung: Herr D

– Qualitätssicherungsgrundsätze und -verfahren

Das Qualitätssicherungssystem der Firma XY zeigt sich in der Ordnung und Gestaltung aller zur Wirkung kommenden QS-Elemente, die sich im Labor Z, soweit als sinnvoll anerkannt, an der DIN 45001 orientieren.

– QS-Handbuch

Das wichtigste Bezugsdokument zur Erarbeitung und Aufrechterhaltung des QS-Systems trägt die Bezeichnung

„Qualitätssicherungshandbuch"

Das QS-Handbuch enthält die

- QS-Grundsätze,
- QS-Zuständigkeiten,
- Darstellung der QS-Elemente und Verfahrensabläufe,
- QS-Standardarbeitsanweisungen oder entsprechende Verweise darauf.

Die Gliederung entspricht der DIN 45001. Für die Überarbeitung und den Änderungsdienst des Qualitätssicherungshandbuches ist der Leiter der Qualitätssicherung bzw. dessen Vertreter zuständig. Für die Einordnung und den Austausch von geänderten Kapiteln werden Hinweisblätter beigefügt. Diese sind am Ende des QS-Handbuches abzulegen.

Firma XY	Qualitätssicherungshandbuch	geprüft : QS
Labor Z		geprüft : L-PE
Kapitel : 4	Seite : 2 von 2	Stand : II.II.IIII

– QS-Standardarbeits- und Prüfanweisungen

Werden in den Ablaufelementen des QS-Systems, z.B. in QS-Arbeitsanweisungen, Kontrollen verlangt, so sind diese von den Prüfleitern in Kontrollanweisungen schriftlich festzulegen. Nähere Einzelheiten sind in den QS-Arbeitsanweisungen geregelt. Kontrollanweisungen unterliegen einem Änderungsdienst und sind den Mitarbeitern stets in aktualisierter Ausgabe vorzugeben.

– Zuständigkeiten

Für die Beschreibung der QS-Elemente im QS-Handbuch ist der Leiter der Qualitätssicherung zuständig. Es sind Abstimmungen mit den Prüfleitern und Freigabe durch den Leiter der Prüfeinrichtung notwendig.

Für die Überprüfung der QS-Standardarbeitsanweisungen und Kontrollanweisungen ist federführend die Qualitätssicherung in Abstimmung mit dem Leiter der Prüfeinrichtung zuständig.

– Verfügbarkeit des QS-Handbuches

Exemplar Nr. 1 : Qualitätssicherung (Original)

Exemplar Nr. 2 : Leiter der Prüfeinrichtung

Exemplar Nr. 3 : Prüfleiter 1

Exemplar Nr. 4 : Prüfleiter 2

Exemplar Nr. 5 : Prüfleiter 3

Das QS-Handbuch oder auch nur Teile daraus dürfen nicht vervielfältigt und laborinternen Mitarbeitern sowie externen Personen ausgehändigt werden !

Firma XY Labor Z	Qualitätssicherungshandbuch	geprüft : QS
		geprüft : L-PE
Kapitel : 5	Seite : 1 von 1	Stand : II.II.IIII

Geschäfts- und Laborordnung

Zu diesem Kapitel sind die in den meisten Fällen vorhanden Geschäfts- und Laborordnungen einzufügen.

Beispielhafte Zusammenstellung des Inhaltes einer Laborordnung :

- Allgemeine Regelungen
- Raumverzeichnis
- Inventar
- Registratur
- Bibliotheksbenutzung
- Arbeitszeit und Überstundenregelung
- Krankheit und Urlaub
- Benutzung von Laborgeräten
- Benutzung von Geräten allgemeiner Art
- Anforderung von Chemikalien
- Anforderung von Geräten
- Anforderung von Gasen
- Anforderung von Service-Leistungen
- Verhalten im Notfall
- Sammlung von Abfallstoffen
- Entsorgen von Abfallstoffen

Firma XY	Qualitätssicherungshandbuch	geprüft : QS
Labor Z		geprüft : L-PE
Kapitel : 6	Seite : 1 von 1	Stand : II.II.IIII

Unterschriftsproben

jeweils Unterschrift und Signum

Leiter der Prüfeinrichtung : Herr Dr. Archibald

Vetreter Prüfeinrichtung : Herr Dr. Blasse

Leiter Qualitätssicherung : Herr Christoph

Vetreter Qualitätssicherung : Herr Donberger

Prüfleiter 1 : Herr Dr. Ehlers

Vetreter Prüfleiter 1 : Herr Flieger

Prüfleiter 2 : Frau Dr. Gunkel

Vetreter Prüfleiter 2 : Herr Dr. Horst

Prüfleiter 3 : Herr Dr. Immel

Vetreter Prüfleiter 3 : Frau Kummer

Firma XY Labor Z	Qualitätssicherungshandbuch	geprüft : QS
		geprüft : L-PE
Kapitel : 7	Seite : 1 von 2	Stand : II.II.IIII

Qualifikation und Schulung

– Qualifikation

Leiter der Prüfeinrichtung : Herr Dipl.-Chem. Dr. A

Vetreter Prüfeinrichtung : Herr Dipl.-Chem. Dr. B

Leiter Qualitätssicherung : Herr Dipl.-Ing. C

Vetreter Qualitätssicherung : Herr Dipl.-Ing. D

Prüfleiter 1 : Herr Dipl.-Chem. Dr. E

Vetreter Prüfleiter 1 : Herr Dipl.-Ing. F

Mitarbeiter : 2 Chemotechniker, 4 Chemielaboranten

Prüfleiter 2 : Frau Dipl.-Chem. Dr. G

Vetreter Prüfleiter 2 : Herr Dipl.-Chem. Dr. H

Mitarbeiter : 1 Dipl.-Ing., 1 Chemotechnikerin, 3 Chemielaboranten

Prüfleiter 3 : Herr Dipl.-Chem. Dr. I

Vetreter Prüfleiter 3 : Frau Dipl.-Ing. K

Mitarbeiter : 4 Chemielaboranten

Ggf. kann noch eine Auflistung über die Berufserfahrung erfolgen.

Firma XY	Qualitätssicherungshandbuch	geprüft : QS
Labor Z		geprüft : L-PE
Kapitel : 7	Seite : 2 von 2	Stand : II.II.IIII

– **Schulung**

Im Hinblick auf die Bedeutung der gestellten Aufgaben ist eine regelmäßige und ausreichende Fortbildung der Mitarbeiter durch interne und externe Schulungen zu gewährleisten.

Hierzu sollte eine Auflistung über die durchgeführten Maßnahmen erfolgen, z.B. Veranstaltungen, Messen usw.

Hr. Dr. A :
- – Besuch Achema 15.06.93
- – DIN-Sitzung FG HJ am 17.07.93
- – Vortragsveranstaltung Abwasser am 19.09.93

Hr. F :
- – Sicherheitslehrgang am 12.02.93
- – Chromatographieschulung bei Fa. K am 14.05.93

Fr. Dr. G :
- – Besuch Analytica am 18.05.93
- – Fortbildung Trinkwasser am 19.10.93

Fr. K :
- – Schulung Labordatenverarbeitung am 22.03.93

Hr. V :
- – Grundkurs HPLC am 25.05.93

Fr. Z :
- – Schulung Mikrobiologie am 18.10.93

Firma XY	Qualitätssicherungshandbuch	geprüft : QS
Labor Z		geprüft : L-PE
Kapitel : 8	Seite : 1 von 1	Stand : II.II.IIII

Beschaffung von Material und Geräten

Die Beschaffung umfaßt alle Materialien und Geräte, die Bestandteile von analytischen Untersuchungen sind oder bei diesen verarbeitet werden.

Die Unterlagen für die Beschaffung werden in der Regel von den verantwortlichen Prüfleitern erstellt oder zusammengestellt, vom Einkauf unter Beteiligung der Qualitätssicherung auf Vollständigkeit sowie Gültigkeit geprüft und in den Auftrag integriert. Der Auftragnehmer muß die Beschaffungsunterlagen bezüglich der vorgegebenen Forderungen anerkennen.

Vor Auftragsvergabe wird der Zulieferant, je nach Produkttyp, vom Einkauf zusammen mit der Qualitätssicherung beurteilt und anhand seiner Qualifikation und Leistungsfähigkeit für das zu bestellende Produkt zugelassen.

Eine Liste der zugelassenen Lieferanten wird vom Einkauf geführt.

zum Beispiel :

- Chemikalien
- Glasgeräte
- Kunststoffartikel
- Gase
- Standard- und Referenzsubstanzen

Nach einem festgelegten Verfahren wird der einmal zugelassene Lieferant zur Prüfung seiner Zulassung regelmäßig von der Qualitätssicherung überwacht.

Vereinfacht kann ein Lieferant mit ISO 9000 Zertifikat zugelassen werden.

Firma XY	Qualitätssicherungshandbuch	geprüft : QS
Labor Z		geprüft : L-PE
Kapitel : 9	Seite : 1 von 1	Stand : II.II.IIII

Probenlauf, Kennzeichnung und Rückverfolgung

– Probenlauf

Für jede Art von Untersuchung sind von den Prüfleitern entsprechende QS-Standardarbeits-anweisungen zu erstellen oder erstellen zu lassen, die den genauen Ablauf der

- – Probenahme,
- – Probenkonservierung,
- – Probenteilung und
- –Probenvorbereitung

nach den entsprechenden gesetzlichen Vorgaben beschreiben. Die Freigabe erfolgt durch den Leiter der Prüfeinrichtung und den Leiter der Qualitätssicherung.

– Kennzeichnung

Gefäße für

- – Proben,
- – Standardlösungen und
- – Reagenzien

müssen in gut lesbarer und dauerhafter Weise gekennzeichnet und datiert sein, um eine eindeutige Identifizierung zu gewährleisten. Ebenso ist das Verfallsdatum anzugeben. Zusätzliche Barcodes sind zulässig.

– Rückverfolgung

Es ist grundsätzlich erforderlich, unmittelbar bei der Probenahme zahlreiche Einzelheiten zu protokollieren, die zu einer weitergehenden Interpretation und Plausibilitätsprüfung der Analysen-ergebnisse herangezogen werden können (Ort und Zeitpunkt der Probenahme, Art und Menge eines Konservierungszusatzes usw.).

Firma XY	Qualitätssicherungshandbuch	geprüft : QS
Labor Z		geprüft : L-PE
Kapitel : 10	Seite : 1 von 1	Stand : II.II.IIII

Durchführung von Untersuchungen

Soweit nicht anders in Kapitel 17 festgelegt, ist auf Normverfahren bzw. den aktuellen Stand der Deutschen Einheitsverfahren zur Wasser-, Abwasser und Schlammuntersuchung zurückzugreifen. Im Einzelfall sind die behördlichen Regelungen und Festlegungen zu beachten.

Vor dem routinemäßigen Einsatz ist als Qualitätssicherungsmaßnahme eine qualifizierte Erprobung des Verfahrens, unter Berücksichtigung der Einflüsse aus

- Matrix,
- Kalibrierung,
- Blindwert,
- Wiederfindung und
- Präzision

nach Kapitel 16, durchzuführen und entsprechend zu dokumentieren.

Aufgrund der Tatsache, daß in den Normen und Vorschriften bestimmte Verfahrensschritte manchmal unvollständig beschrieben sind oder Alternativen zugelassen werden, sind die angewandten Probenahme- und Untersuchungsverfahren in der Weise und in allen Teilen so von den Prüfleitern oder von ihnen bestimmten Mitarbeitern in QS-Standardarbeitsanweisungen zu beschreiben, wie sie tatsächlich zum Einsatz kommen, einschließlich der Qualitätssicherungsmaßnahmen. Diese Beschreibung ist nach den Anforderungen des Kapitels 21 anzufertigen und von dem Leiter der Prüfeinrichtung und dem Leiter der Qualitätssicherung freizugeben.

Firma XY	Qualitätssicherungshandbuch	geprüft : QS
Labor Z		geprüft : L-PE
Kapitel : 11	Seite : 1 von 1	Stand : II.II.IIII

Qualitätsprüfungen

Jeder Prüfleiter hat die Qualität der in seiner Zuständigkeit ermittelten Analysenwerte abzusichern. Hierzu sind sowohl externe als auch interne Qualitätssicherungsmaßnahmen durchzuführen. Diese Anweisung gilt für alle Stadien und Bereiche der Analytik.

Für die systematische Erfassung und Auswertung der Qualitätssicherungsmaßnahmen ist die Qualitätssicherung zuständig. Sie hat darüber regelmäßig alle 3 Monate dem Leiter der Prüfeinrichtung zu berichten und die Einhaltung der geforderten Qualitätssicherungsmaßnahmen zu überwachen. Die Prüfleiter haben geeignete Qualitätssicherungsmaßnahmen einzuleiten und beschlossene Qualitätssicherungsmaßnahmen umgehend auszuführen.

– Interne Qualitätssicherung

Arbeitstäglich oder serienbezogen sind Qualitätssicherungsmaßnahmen durchzuführen, die dazu dienen, Fehler zu erkennen, zu beseitigen und zu verhindern. Hierzu werden Qualitätsregelkarten eingesetzt.

Soweit nicht durch die Qualitätsregelkarten vorgesehen, sind zusätzlich Mehrfachbestimmungen, Wiederholmessungen und Kontrollen mit eigenen oder zertifizierten Standards regelmäßig von den Prüfleitern durchführen zu lassen und zu dokumentieren.

Blindwerte müssen ständig kontrolliert werden.

Mindestens einmal jährlich sind die Verfahrenskenngrößen nach DIN 38402 A 51 zu betsimmen.

– Externe Qualitätssicherung

Teilnahme an den Ringversuchen des LWA.

Im gegebenen Fall ist auch an nationalen und internationalen Ringversuchen teilzunehmen.

Firma XY Labor Z	Qualitätssicherungshandbuch	geprüft : QS
		geprüft : L-PE
Kapitel : 12	Seite : 1 von 1	Stand : II.II.IIII

Meßgeräteüberwachung

Die Überwachung der Meßgeräte ist erforderlich, um sicherzustellen, daß diese ordnungsgemäß arbeiten. In festgelegten Zeitabständen sind die Geräte zu kalibrieren und zu justieren, damit ihre Meßabweichungen innerhalb zulässiger Grenzen bleiben. Die Verantwortlichkeit hierfür obliegt den Prüfleitern.

Für die Überwachung der Meßgeräte ist der jeweilige Anwender des Meßgerätes zuständig. Die gerätespezifischen Arbeitsanweisungen (Prüfanweisungen) richten sich nach den Angaben der Gerätehersteller. Andernfalls werden sie von Mitarbeitern der Qualitätssicherung erstellt und befinden sich in den QS-Arbeitsanweisungen. Alle Meßgeräte müssen anhand von Vergleichsstandards kalibriert werden. Wenn solche Standards nicht vorhanden sind, werden eigene Kalibrierstandards oder solche, die der Gerätehersteller empfiehlt, verwendet.

Die Zeitabstände der Kalibrierung richten sich nach den Empfehlungen des Meßgeräteherstellers bzw. der DIN-Normen oder werden aufgrund von Erfahrungen mit den einzelnen Meßgeräten individuell festgelegt. Sie sind in der QS-Arbeitsanweisung des jeweiligen Meßgerätes angegeben. Es ist für eine entsprechende Dokumentation zu sorgen.

Werden bei der Überwachung von Meßgeräten Unzulänglichkeiten (z.B. zu große Abweichungen) festgestellt, ist das Gerät gründlich zu warten und bei nicht erkennbarer Ursache sowie Fehlern oder Defekten, zu deren Behebung technisches Fachpersonal benötigt wird, der Service zu beauftragen. In dieser Zeit darf mit dem Meßgerät nicht gemessen werden.

Alle außergewöhnlichen Vorkommnisse (unübliche Geräusche, Aussetzer, nicht reproduzierbare Schwankungen u.a.) sind in einem Gerätebuch festzuhalten. Desgleichen auch Art und Umfang interner und externer Servicearbeiten.

Firma XY	Qualitätssicherungshandbuch	geprüft : QS
Labor Z		geprüft : L-PE
Kapitel : 13	Seite : 1 von 1	Stand : II.II.IIII

Behandlung fehlerhafter Resultate

Im Falle eines unplausiblen Meßergebnisses ist die Ursache unter Einbeziehung der Verfahrenskenngrößen zu ermitteln und die Verantwortlichen der Qualitätssicherung einzuschalten. Als Fehlerquellen kommen

- unkorrekte Probenahme,
- Verwechslung von Proben,
- Übertragungsfehler,
- Rechen- und Auswertefehler,
- Kontamination von Probenahme- und Laborgeräten,
- Matrix-Einflüsse,
- Fehler bei der Kalibrierung,
- Ablesefehler,
- fehlerhafte Durchführung der Messung,
- Meßfehler,
- Gerätefehler (Defekte) und
- Verdünnungsfehler

in Betracht. Läßt sich der Fehler nicht ermitteln und korrigieren, ist eine Wiederholung der Untersuchung notwendig. Wenn möglich, wird zusätzlich eine zweite unabhängige Analysenmethode angewandt. In jedem Fall muß sichergestellt werden, daß keine offensichtlich fehlerhaften Meßwerte weitergeleitet werden.

Firma XY	Qualitätssicherungshandbuch	geprüft : QS
Labor Z		geprüft : L-PE
Kapitel : 14	Seite : 1 von 1	Stand : II.II.IIII

Korrekturmaßnahmen

Korrekturmaßnahmen dienen dazu, Fehlerursachen zu beseitigen, um Wiederholungen der Fehler zu vermeiden. Dazu ist es erforderlich, zunächst deren Ursachen zu erkennen.

Die Mitarbeiter der Qualitätssicherung sind dafür zuständig, die Korrekturmaßnahmen systematisch zu erfassen und auszuwerten. Darüber ist dem Leiter der Prüfeinrichtung regelmäßig zu berichten und die Maßnahmen sind zu überwachen.

Die Prüfleiter sind dafür zuständig, die notwendigen Korrekturmaßnahmen einzuleiten und durchzuführen.

Zur Entdeckung von Fehlerursachen sind – sofern möglich – alle Arbeitsschritte zurück bis zur Probenahme zu überprüfen. Sind die Ursachen bekannt, hat möglichst schnell eine Korrektur stattzufinden. Um zu vermeiden, daß Fehler wiederholt auftreten, ist es erforderlich,

– die Wirksamkeit von Korrekturmaßnahmen zu überwachen und,
– wenn notwendig, Änderung von QS-Standardarbeitsanweisungen vorzunehmen.

Die Korrekturmaßnahmen sind vom jeweiligen Prüfleiter festzulegen.

Die zuständigen Mitarbeiter der Qualitätssicherung überwachen die Durchführung von Korrekturmaßnahmen und prüfen, ob die Korrekturmaßnahmen den gewünschten Erfolg bringen. Im Einzelfall kann dies durch Prüfung geänderter Unterlagen und Verfahren geschehen.

Fehlerursachen werden schriftlich durch die Beauftragten für Qualitätssicherung festgehalten und aufbereitet.

Über das Qualitätsgeschehen wird alle 3 Monate berichtet.

Alle veranlaßten Maßnahmen werden schriftlich festgehalten und ihr Vollzug geprüft und bestätigt.

Sind gerätebezogen häufig Korrekturmaßnahmen erforderlich, ist dies bei Ersatzbeschaffungen zu berücksichtigen (z.B. Gerätewechsel, Herstellerwechsel).

Firma XY	Qualitätssicherungshandbuch	geprüft : QS
Labor Z		geprüft : L-PE
Kapitel : 15	Seite : 1 von 1	Stand : II.II.IIII

Interne Qualitätsaudits

Das Qualitätsaudit ermittelt durch Untersuchung, Prüfung und Beurteilung die Eignung und Einhaltung festgelegter Verfahren, Anweisungen, Normen, Regeln, Programme und anderer anwendbarer Unterlagen.

Interne Qualitätsaudits dienen dazu, die Wirksamkeit des QS-Systems aufrecht zuerhalten und zu verbessern, sowie das System an neue Forderungen anzupassen. Interne Qualitätsaudits sind in allen Abteilungen des Laboratoriums durchzuführen, deren Aktivitäten für die Qualität der Analysen von Bedeutung sind.

Aufgaben, die im Zusammenhang mit der Planung und Durchführung der Qualitätsaudits selbst stehen, sind dem oder den Beauftragten für Qualitätssicherung zu übertragen. Der Beauftragte ist ermächtigt, Mitarbeitern des Laboratoriums in Abstimmung mit dem jeweiligen Prüfleiter Auditaufgaben zu übertragen.

Planmäßige Qualitätsaudits sind nach einem Qualitätsaudit-Plan durchzuführen. Dieser gibt Aufschluß über

- die Bereiche, die zu beurteilen sind,
- die Termine der Qualitätsaudits und
- die Personen, die die Qualitätsaudits durchzuführen haben.

Außerplanmäßige Qualitätsaudits werden erforderlich, wenn

- wesentliche Änderungen in den QS-Ablaufelementen vorgenommen wurden und
- Analysenresultate Gefahr laufen, Qualitätsanforderungen nicht mehr zu erfüllen.

Qualitätsaudits sind von Personen durchzuführen, die nicht selbst die zu beurteilenden Aufgaben wahrnehmen. Im Anschluß an die Untersuchung ist ein Auditbericht zu erstellen, aus dem der Ist-Zustand als Ergebnis klar hervorgehen muß. Zur Behebung von Beanstandungen sowie deren Ursache sind Empfehlungen zu geben.

Klar ersichtlich muß der Termin für die Behebung jeder einzelnen Beanstandung sein sowie die Stelle, die für die Behebung zuständig ist. Der Termin des Folgeaudits, bei dem der Vollzug der Korrekturmaßnahmen festgestellt werden soll, ist anzugeben.

Auditberichte dienen als Grundlage für Korrekturmaßnahmen. Sie sind grundsätzlich dem Leiter der Prüfeinrichtung zuzustellen.

Firma XY	Qualitätssicherungshandbuch	geprüft : QS
Labor Z		geprüft : L-PE
Kapitel : 16	Seite : 1 von 1	Stand : II.II.IIII

Statistische Verfahren

Als statistische Verfahren im Rahmen der Qualitätssicherungsmaßnahmen sind die in den DEV enthaltenen Verfahren „Anwendung statistischer Methoden zur Beurteilung von Analysenergebnissen in der Wasseranalytik" anzuwenden. Für die Berechnung von Verfahrenskenngrößen ist die DIN 38402 A51 heranzuziehen.

Zu den statistischen Verfahren zählen

- Ermittlung der Verfahrensstandardabweichung,
- Auswertung von Blindwerten,
- Ermittlung des Vertrauensbereiches von Mittelwerten,
- Genauigkeit von Wertangaben,
- Ermittlung der Bestimmungsgrenze,
- Kontrolle von Analysenergebnissen und Sollwerten,
- Überwachung von Grenzwerten.

Auch die in standardisierter Statistiksoftware enthaltenen Module können für statistische Verfahren in der Qualitätssicherung verwendet werden. In jedem Fall ist vor einem routinemäßigen Einsatz mit Hilfe bekannter Datensätze und Ergebnisse zu prüfen, ob die Korrektheit des Auswertemoduls gewährleistet ist, da Fehler in einer Software nie auszuschließen sind. Bei jedem Update einer Software sind die Prüfungen zu wiederholen.

Firma XY Labor Z	Qualitätssicherungshandbuch	geprüft : QS
		geprüft : L-PE
Kapitel : 17	Seite : 1 von 1	Stand : Ii.II.IIII

Liste der anzuwendenden Verfahren

Parameter	Meßverfahren
pH-Wert	DIN 38404 C5
Sauerstoff	DIN 38408 G22
Elektrische Leitfähigkeit	DIN 38404 C8
Wassertemperatur	DIN 38404 C4
Adsorbierbare organisch gebundene Halogene (AOX)	DIN 38409 H14
Chemischer Sauerstoffbedarf (CSB)	DIN 38409 H41
Gesamter organisch gebundener Kohlenstoff (TOC)	DIN 38409 H3
Chlor, freies	DIN 38408 G4-1
Cyanid, leicht freisetzbar	DIN 38405 D13-2
Sulfid, gelöst	DIN 38405 D26
Chrom VI	DIN 38405 D24
Chrom	DIN 38406 E22
Nickel	DIN 38406 E22
Kupfer	DIN 38406 E22
Zink	DIN 38406 E22
Zinn	DIN 38406 E22
Cadmium	DIN 38406 E19
Blei	DIN 38406 E22
Quecksilber	DIN 38406 E12-3
Arsen	DIN 38406 E22
Kohlenwasserstoffe	DIN 38409 H18

Firma XY Labor Z	Qualitätssicherungshandbuch	geprüft : QS
		geprüft : L-PE
Kapitel : 18	Seite : 1 von 2	Stand : II.II.IIII

Ergebnisangabe, Bestimmungsgrenzen und Konservierung

Allgemeine Hinweise :

Die in den folgenden Tabellen aufgeführten Angaben sind den entspechenden DEV- und DIN-Verfahren entnommen oder wurden in der Praxis ermittelt.

Die Konservierungsdauer gibt die maximale Zeitspanne an, nach der die Probe mit einer Abweichung von < 10% des ursprünglichen Wertes (= Bestimmung sofort nach der Probenahme) analysiert werden kann.

Zur Vereinheitlichung des Tiefgefrierens ist folgende Vorgehensweise anzuwenden:

Konservierung: bei -18 bis -22 °C; das Gefriergut soll diese Temperatur spätestens nach 6 h erreicht haben.

Entkonservierung : Auftauen in Wasser von 40 bis 50 °C; durch Umschwenken lokale Überwärmung vermeiden; vor der Entnahme eines Aliquots muß die Probe vollständig aufgetaut und homogen sein.

Erläuterungen zu den verwendeten Abkürzungen:

P = Polyethylen bzw. Polyvinylchlorid

G = Glas

B = Borosilicatglas

OW = Oberflächenwasser

GA = Gewerbliches Abwasser

KA = Kommunales Abwasser

Firma XY	Qualitätssicherungshandbuch	geprüft : QS
Labor Z		geprüft : L-PE
Kapitel : 18	Seite : 2 von 2	Stand : II.II.IIII

Parameter	Verfahren	Ergebnisangabe	Bestimmungs-grenze	Konservierung	Konsv.-dauer	Probe gefäß
pH-Wert	DIN 38404 C5	mindestens 1 Nachkommastelle		nicht konservierbar		P , G
O_2-Gehalt	DIN 38408 G22	auf 0,1 mg/l gerundete Werte, max. 3 sign. Stellen	0,1 mg/l			
elektrische Leitfähigkeit	DIN 38404 C8	<3 µS/cm auf 0,01 µS/cm 3 bis 30 µS/cm auf 0,1 µS/cm 30 bis 300 µS/cm auf 1 µS/cm 300 bis 3000 µS/cm auf 10 µS/cm		nicht konservierbar		
Temperatur	DIN 38404 C4	Wasser auf 0,1 °C Luft auf 0,5 °C				
AOX	DIN 38409 H14	max. 2 sign. Stellen	10 µg/l	mit HNO_3 auf pH 2 und kühlen bei 2 bis 5 °C	24 h	G
CSB	DIN 38409 H41	auf 1 mg/l gerundete Werte, max. 3 sign. Stellen	15 mg/l	Einfrieren bei - 20 °C	1 Monat	P , G
TOC	DIN 38409 H3	<1 mg/l auf 0,01 mg/l 1 bis 10 mg/l auf 0,1 mg/l > 10 mg/l auf 1 mg/l max. 3 sign. Stellen	0,1 mg/l	Einfrieren bei - 20 °C	1 Monat	P , G
Freies Chlor	DIN 38408 G4	<1mg/l auf 0,01 mg/l >1 mg/l auf 0,1mg/l	0,03 mg/l	nicht konservierbar		
Cyanid leicht freisetzbar	DIN 38405 D13	<1 mg/l auf 0,01 mg/l >1 mg/l auf 0,1 mg/l	0,0025 mg abs.	je l Probe Zusatz von 5 ml ZinnII-chlorid-Lsg. , 10 ml Chloroform-Phenolphthalein, einstellen auf pH=8, 10 ml Zink-Cadmium-sulfat-Lsg.zusetzen, Kühlen bei 2 bis 5°C im Dunkeln	2 Tage	P
Sulfid	DIN 38405 D26	auf 0,01 mg/l, max. 2 sign.Stellen	0,04 mg/l	5ml Ascorbat-Lsg. / 50 ml, Filtration 0,45 µm	24 h	G
Chromat (Cr VI)	DIN 38405 D24	<10 mg/l auf 0,01 mg/l >10 mg/l auf 0,1 mg/l max. 3 sign. Stellen	0,05 mg/l	nicht konservierbar , direkt vor Ort bestimmen		
Chrom	DIN 38406 E22	<10 mg/l auf 0,1 mg/l >10 mg/l auf 1 mg/l	OW 0,005 mg/l GA 0,1 mg/l KA 0,02 mg/l	mit HNO_3 auf pH < 2	1 Monat	P , G
Nickel	DIN 38406 E22	max. 3 sign. Stellen	OW 0,005 mg/l GA 0,1 mg/l KA 0,1 mg/l	mit HNO_3 auf pH < 2	1 Monat	P , G
Kupfer	DIN 38406 E22	max 3 sign. Stellen	OW 0,005 mg/l GA 0,1 mg/l KA 0,02 mg/l	mit HNO_3 auf pH < 2	1 Monat	P,G
Zink	DIN 38406 E22	max. 3 sign. Stellen	OW 0,01 mg/l GA 0,1 mg/l KA 0,01 mg/l	mit HNO_3 auf pH < 2	1 Monat	P,G
Zinn	DIN 38406 E22	max. 3 sign. Stellen	0,1 mg/l	mit HNO_3 auf pH < 2	1 Monat	P , G
Cadmium	DIN 38406 E19	max. 3 sign. Stellen	OW 0,1 µg/l GA 30 µg/l KA 0,5 µg/l	mit HNO_3 auf pH < 2	1 Monat	P , G
Blei	DIN 38406 E22	max. 3 sign. Stellen	OW 0,01 mg/l GA 0,1 mg/l KA 0,02 mg/l	mit HNO_3 auf pH < 2	1 Monat	P , G
Quecksilber	DIN 38406 E12	max. 3 sign. Stellen	OW 0,05 µg/l KA 0,2 µg/l	mit HNO_3 auf pH <2, Zusatz von $K_2Cr_2O_7$-Lsg.,2ml/l Probe	1 Monat	G
Arsen	DIN 38406 E22	auf 1 µg/l gerundet, max 2 Stellen	0,001 mg/l	1 ml/l HCl, pH<2	>1Monat	G
Kohlenwasser-stoffe	DIN 38409 H18	<10 mg/l auf 0,1 mg/l >10 mg/l auf 1 mg/l	0,1 mg/l	Ansäuern mit HCl auf pH <2	24 h	G

Firma XY Labor Z	Qualitätssicherungshandbuch	geprüft : QS
		geprüft : L-PE
Kapitel : 19	Seite : 1 von 1	Stand : II.II.IIII

Dokumentation und Archivierung

Alle relevanten Daten und Informationen des Untersuchungsablaufes, die Meßergebnisse und Maßnahmen der Qualitätssicherung sind für die Dauer von mindestens 5 Jahren entsprechend aufzubewahren, darzustellen und zu archivieren .

Jeder Analysenbericht hat wenigstens folgende Angaben zu enthalten:

- Name und Anschrift des Laboratoriums und den Untersuchungsort,
- eindeutige Kennzeichnung des Berichtes und jeder Seite des Berichtes, sowie Angabe der Gesamtseitenzahl,
- Name und Anschrift des Auftraggebers,
- Beschreibung und Bezeichnung der Probe,
- Eingangsdatum der Probe und
- Datum der Analyse,
- Bezeichnung der Analysenverfahren und
- alle Abweichungen, Zusätze oder Einschränkungen gegenüber der QS-Arbeitsanweisung,
- Unterschrift des verantwortlichen Prüfleiters und
- Ausstellungsdatum.

Die mittels Computer erfaßten Rohdaten (z.B. Chromatogramme oder Spektren können je nach Anwendung ausgedruckt und/oder in Form rechnerlesbarer Dateien abgespeichert werden. Zum Zweck der Archivierung solcher Rohdaten sind nur Magnetbänder (unter Verwendung von Stahlschränken als Aufbewahrungsort maximal 5 Jahre) oder magnetooptische Systeme zu verwenden, die nicht durch Magnetfelder beeinträchtigt werden.

Firma XY	Qualitätssicherungshandbuch	geprüft : QS
Labor Z		geprüft : L-PE
Kapitel : 20	Seite : 1 von 1	Stand : II.II.IIII

Referenzsubstanzen

Parameter	Verfahren	Referenzsubstanz
Trübung	DIN 38404 C2-3	Formazin-Standard
Temperatur	DIN 38404 C4	Geeichtes Thermometer
pH-Wert	DIN 38404 C5	Pufferlsg. : pH 6,88 , pH 4,62 , pH 9,22
el. Leitfähigkeit	DIN 38404 C8	KCl
Chlorid	DIN 38405 D1	NaCl
Fluorid	DIN 38405 D4	NaF
Sulfat	DIN 38405 D5	K_2SO_4
Nitrat	DIN 38405 D9 oder Salicylatmethode	KNO_3
Nitrit	DIN 38405 D10	KNO_2
o-Phosphat und hydrol. Phosphat Gesamt-Phosphat	DIN 38405 D11 oderr 38406 E22	KH_2PO_4
Cyanid leicht freisetzbar o. gesamt	DIN 38405 D13o.D14	KCN
Bor	DIN 38405 D17	H_3BO_3
Arsen	DIN 38405 D18	As_2O_5 bzw. As_2O_3
F,Cl, NO_3, NO_2, Br, PO_4, SO_4 (Ionenchromatographie)	DIN 38405 D19 (für gering bel. Wässer)	NaF / NaCl / $NaNO_2$ / KH_2PO_4 NaBr / $NaNO_3$ / Na_2SO_4
Cl, NO_3, NO_2, Br, PO_4, SO_4 (Ionenchromatographie)	DIN 38405 D20 (für Abwasser)	NaF / NaCl / $NaNO_2$ / KH_2PO_4 NaBr / $NaNO_3$ / Na_2SO_4
Chromat (CR VI)	DIN 38405 D24	$K_2Cr_2O_7$
Sulfid	DIN 38405 D26	Na_2S x X H_2O
Sulfit	IC gem.LAWAMerkbl.- entwurf v. 11.10.89	Na_2SO_3
Eisen	DIN 38406 E1 oder E22 oder analog T19	Fe-Draht
Mangan	DIN 38406 E2	$MnSO_4$ x H_2O
Calcium, Magnesium, Gesamthärte	DIN 38406 E3 o. E22	Ca-Mg-Standard-1000 mg/l
Ammonium	DIN 38406 E5	$(NH_4)_2SO_4$
Blei	DIN 38406 E6 o. E22	Pb-Standard-1000 mg/l
Kupfer	DIN 38406 E7 o. E22	Cu-Standard-1000 mg/l
Zink	DIN 38406 E8 o. E22	Zn-Standard-1000 mg/l
Aluminium	DIN 38406 E9 o. E22	Al-Standard-1000mg/l
Chrom	DIN 38406 E10 o.E22	Cr-Standard-1000 mg/l
Nickel	DIN 38406 E11 o.E22	Ni-Standard-1000 mg/l
Quecksilber	DIN 38406 E12	Hg-Standard-1000 mg/l
Natrium, Kalium	EDIN 38406 E13 / 14	Na-K-Standard-1000 mg/l
Cadmium	DIN 38406 E19 o.E22	Cd-Standard-1000 mg/l
Kobalt	DIN 38406 E22 oder E11	Co-Standard-1000 mg/l

Firma XY	Qualitätssicherungshandbuch	geprüft : QS
Labor Z		geprüft : L-PE
Kapitel : 21	Seite : 1 von 1	Stand : II.II.IIII

QS-Standardarbeitsanweisungen

Da in den Normen und Analysenvorschriften die Beschreibung bestimmter Verfahrensschritte zwangsläufig unvollständig ist oder Alternativen zugelassen werden, sind die angewandten Probenahme- und Untersuchungsverfahren in der Weise und in allen Teilen so zu beschreiben, wie sie tatsächlich zum Einsatz kommen, einschließlich der Qualitätssicherungsmaßnahmen. Diese Beschreibung soll mindestens folgende Angaben enthalten:

- Bezeichnung der Analysenmethode,
- Anwendungsbereich,
- Probenvorbehandlung und -konservierung,
- Störungen und Fehlerquellen und deren Behebung,
- Chemikalien,
- Geräte (genaue Bezeichnung Hersteller, Service), Geräteparameter, Besonderheiten,Wartung,
- Herstellung von Kalibrierlösungen, Standzeit und
- Qualitätssicherungsmaßnahmen.

Erstellte Standardarbeitsanweisungen sind durch die Leitung der Prüfeinrichtung und die Verantwortlichen für Qualitätssicherung freizugeben. Sofern sich Arbeitsabläufe ändern, neue oder andere Geräte eingesetzt werden oder Änderungen im Bereich der Ansprechpartner, Gerätehersteller sowie Bediener ergeben, ist die betroffene QS-Standardarbeitsanweisung entsprechend zu aktualisieren.

Firma XY	Qualitätssicherungshandbuch	geprüft : QS
Labor Z		geprüft : L-PE
Kapitel : 22	Seite : 1 von 1	Stand : II.II.IIII

Inventurverzeichnis der Analysengeräte

Hersteller	Gerätetyp	Anschaffungsdatum
Perkin-Elmer Hansa-Allee 195 4000 Düsseldorf 11	Spektralfotometer Lambda	9/90
WTW Trifthofstr. 57 a 8120 Weilheim	Mikroprozessor Ionenmeter	7/92
Büchi Esslingerstr. 8 7320 Göppingen	Rotationsverdampfer	3/92
Dani GmbH Neustr. 5 6503 Mainz-Kastel	Dani GC 8521-A	6/89
Perkin-Elmer Hansa-Allee 195 4000 Düsseldorf 11	HPLC LC 250	3/91
Finnigan MAT GmbH Barkhausenstr. 2 2800 Bremen 14	ITS 40 GC-MS	10/91
Perkin-Elmer Hansa-Allee 195 4000 Düsseldorf 11	IR-Spektrometer	2/90
LHG Schwetzingerstr. 90 7500 Karlsruhe	TOX-Analysator	12/89
Dimatec Eschenburg 37/39 4300 Essen 14	Dima-TOC 100	5/93
Deutsche Metrohm GmbH In den Birken 3 7024 Fildertsadt	Titroprozessor 686	2/91
ISA Bretonischer Ring 13 8011 Grasbrunn 1	ICP-OES JY 50 P	1/92
Perkin-Elmer Hansa-Allee 195 4000 Düsseldorf 11	AAS 5100	8/91
Dionex GmbH Am Wörtzgarten 10 6270 Idstein	IC 2000	7/91
Deutsche Metrohm GmbH In den Birken 3 7024 Fildertsadt	VA-Prozessor 646 VA-Stand 647	12/93
Martin Christ GmbH Postfach 1208 3360 Osterode am Harz	Gefriertrockner Gamma	6/90
C.Gerhardt GmbH Postfach 1628 5300 Bonn 1	Vapodest 2	3/90

Firma XY Labor Z	Qualitätssicherungshandbuch	geprüft : QS
		geprüft : L-PE
Kapitel : 23	Seite : 1 von 1	Stand : II.II.IIII

Unfallverhütungsvorschriften

Die Unfallverhütungsvorschriften sind den Mitarbeitern im halbjährlichen Rhythmus im Umlaufverfahren zur Kenntnis zu geben.

Folgende Unfallverhütungsvorschriften sind von den Prüfleitern in Umlauf zu geben :

1. UVV 1 Allgemeine Vorschriften
2. UVV 26 Erste Hilfe
3. UVV 28 Lärm
4. UVV 34 Sicherheitskennzeichnung am Arbeitsplatz
5. UVV 36 Schutzmaßnahmen beim Umgang mit krebserregenden Arbeitsstoffen
6. Laborrichtlinien.

Dem Umlauf ist eine Liste der Namen der Mitarbeiter beizufügen, die jeweils die Kenntnisnahme mit Datum abzeichnen.

Im jährlichen Rhythmus ist von den Prüfleitern eine Arbeitsschutzunterweisung durchzuführen, deren Inhalt zu protokollieren und dem Leiter der Prüfeinrichtung vorzulegen ist. Die Teilnahme ist von den betroffenen Mitarbeitern durch Unterschrift zu bestätigen.

Für die Mitarbeiter, die mit radioaktiven Stoffen umgehen, ist gemäß § 39 Strahlenschutzverordnung halbjährlich eine Strahlenschutzbelehrung durch die Strahlenschutzbeauftragten durchzuführen. Die Teilanhme ist von den betroffenen Mitarbeitern durch Unterschrift zu bestätigen.

Firma XY	Qualitätssicherungshandbuch	geprüft : QS
Labor Z		geprüft : L-PE
Kapitel : 24	Seite : 1 von 1	Stand : II.II.IIII

Entsorgung

Die Entsorgung ist nach der „Betriebsanweisung nach §20 GefStoffV" vorzunehmen.
Zu entsorgen sind

- halogenhalige organische Lösungsmittel,
- halogenfreie organische Lösungsmittel,
- verbrauchte Mineralöle,
- CSB-Abfälle,
- kommunale Klärschlämme,
- Metallhydroxidschlämme,
- Altchemikalien,
- stark saure Abwässer,
- stark alkalische Abwässer,
- saure oder alkalische Konzentrate,
- Altglas und Glasbruch,
- Verpackungsmaterialien (Pappe),
- Kunststoffe (Styropor) und
- verbrauchte Leuchtstoffröhren.

Die zu entsorgenden Materialien sind in gesonderten Behältnissen mit ordnungsgemäßer Beschriftung zu sammeln und zwischenzulagern.

Firma XY Labor Z	Qualitätssicherungshandbuch	geprüft : QS geprüft : L-PE
Kapitel : 25	Seite : 1 von 1	Stand : II.II.IIII

Gesetze und Verordnungen

Folgende Gesetze und Verordnungen sind bei den Prüfungsabläufen zu berücksichtigen :

1. WHG

2. LWG § 60 Selbstüberwachung von Abwassereinleitungen

3. LWG § 60 a Selbstüberwachung von Indirekteinleitungen

4. LWG § 61 Selbstüberwachung von Abwasseranlagen

5. LWG § 50 Rohwasserüberwachungsrichtlinie

6. LAG § 25 Untersuchung von Abfällen, Sickerwasser und Grundwasser

7. Klärschlammverordnung (AbfKlärV)

Firma XY Labor Z	Qualitätssicherungshandbuch	geprüft : QS
		geprüft : L-PE
Kapitel : 26	Seite : 1 von 1	Stand : II.II.IIII

Liste der eingesetzten Kontrollkarten

Parameter	Meßverfahren	Kontrollkarte
pH-Wert	DIN 38404 C5	entfällt
Sauerstoff	DIN 38408 G22	entfällt
Elektr.Leitfähigkeit	DIN 38404 C8	entfällt
Wassertemperatur	DIN 38404 C4	entfällt
Adsorb.org. gebundene Halogene (AOX)	DIN 38409 H14	Mittelwert, Blindwert
Chemischer Sauerstoffbedarf (CSB)	DIN 38409 H41	Mittelwert,Blindwert, Range
Gesamter org. Kohlenstoff (TOC)	DIN 38409 H3	Mittelwert, Blindwert
Chlor, freies	DIN 38408 G4-1	Mittelwert, Blindwert
Cyanid, leicht freisetzbar	DIN 38405 D13-2	Mittelwert, Blindwert
Sulfid, gelöst	DIN 38405 D26	Mittelwert, Blindwert
Chrom VI	DIN 38405 D24	Mittelwert, Blindwert
Chrom	DIN 38406 E22	Mittelwert, Blindwert
Nickel	DIN 38406 E22	Mittelwert, Blindwert
Kupfer	DIN 38406 E22	Mittelwert, Blindwert
Zink	DIN 38406 E22	Mittelwert, Blindwert
Zinn	DIN 38406 E22	Mittelwert, Blindwert
Cadmium	DIN 38406 E19	Mittelwert,Blindwert, Wiederfindung
Blei	DIN 38406 E22	Mittelwert, Blindwert
Quecksilber	DIN 38406 E12-3	Mittelwert,Blindwert, Wiederfindung
Arsen	DIN 38406 E22	Mittelwert, Blindwert
Kohlenwasserstoffe	DIN 38409 H18	Mittelwert, Blindwert

Firma XY Labor Z	Qualitätssicherungshandbuch	geprüft : QS
		geprüft : L-PE
Kapitel : 25	Seite : 1 von 1	Stand : II.II.IIII

Anleitung zur Beurteilung der Kontrollkarten

Bei der Beurteilung der Regelkarten sind folgende Außer-Kontroll-Situationen zu beachten:

Mittelwertkontrollkarte:

- 1 Wert liegt außerhalb einer Kontrollgrenze
- 7 aufeinanderfolgende Werte liegen oberhalb oder unterhalb des Mittelwertes
- 7 aufeinanderfolgende Werte steigen monoton an oder fallen monoton ab
- 2 von 3 aufeinanderfolgenden Werten liegen außerhalb der Warngrenzen

Spannweitenkontrollkarte:

- 1 Spannweite liegt oberhalb der oberen Kontrollgrenze
- 7 aufeinanderfolgende Werte steigen monoton an oder fallen monoton ab
- 7 aufeinanderfolgende Werte liegen oberhalb der mittleren Spannweite

Mögliche Ursachen:

- fehlerhafte Herstellung der Standards
- fehlerhafte Herstellung der Reagenzien
- Verunreinigung der Proben
- fehlerhafte Gerätejustierung
- Verdünnungsfehler
- Verluste bei der Probenvorbereitung
- Alterung von Standards
- Alterung von Reagenzien
- Alterung von Referenzmaterial
- Konzentrierung durch Verdunsten
- Gerätedrift

7 Standardarbeitsanweisungen

7.1 Vorbemerkungen

Aufgrund der Anforderungen der DIN 45001 sind dann, wenn ein anerkanntes Prüfverfahren fehlt, geeignete schriftliche Anweisungen für die

- Vorbereitungs-,
- Meß-,
- Kalibrier-,
- Auswerteschritte und die
- Dokumentation

zu erstellen. Man bezeichnet diese Anweisungen als *Standardarbeitsanweisungen* (engl. standard operation procedure oder kurz SOP). Diese müssen von der Qualitätssicherung auf dem neuesten Stand gehalten werden und dem betreffenden Personal vorliegen. Standardarbeitsanweisungen sind schriftliche Anweisungen, die beschreiben, wie immer wiederkehrende *Laboruntersuchungen* oder *sonstige Tätigkeiten* durchzuführen sind. Das Prüflaboratorium hat die Verfahren anzuwenden, die behörlicherseits festgelegt wurden. Bei der Erstellung der Standardarbeitsanweisungen ist zu berücksichtigen, welcher Umfang tatsächlich erforderlich ist. Liegt bereits eine entsprechende DIN-Norm vor, reicht in den meisten Fällen eine entsprechende Ergänzung mit Angaben z.B. über Arbeitsschritte, Bedienungspersonal und Geräte aus. In der Praxis gibt es Standardarbeitsanweisungen dafür, wie und wo

- Analysenverfahren durchzuführen,
- Qualitätsregelkarten zu führen,
- mit Gefahrstoffen umzugehen,
- Abfälle zu entsorgen, ja sogar wie
- Standardarbeitsanweisungen zu erstellen sind.

Beispiele hierzu werden nachfolgend ausführlich dargestellt. Sie sind den gesetzlichen Anforderungen entsprechend anzupassen.

7.2 Anforderungen an eine Standardarbeitsanweisung

Eine Standardarbeitsanweisung sollte mindestens Angaben enthalten über

- Bearbeiter,
- Freigabe durch Leiter der Prüfeinrichtung und Qualitätssicherung,
- Datum,
- Bezeichnung des Analysenverfahrens,
- allgemeine Angaben,
- für Analysenverfahren Probenahme und Konservierung,
- Arbeitsbereich,
- Störungen,
- Kalibrierung (DIN 38402 A51),
- QS-Regelkarten (Standard, Blindwert, Wiederfindung),
- Chemikalien (Halbarkeit und Reinheit),
- Geräte,
- Wartung,
- Durchführung der Messung,
- Auswertung,
- Dokumentation und
- Fehlerbehandlung.

Der Umfang und die Qualität der Standardarbeitsanweisung ist vor allem von der *Qualifikation der Mitarbeiter* abhängig, für die sie geschrieben ist. Im Gegensatz zur GLP, in der auch Bereiche mit weniger qualifiziertem Personal abgedeckt werden, ist im Bereich der Qualitätssicherung in analytischen Laboratorien in Deutschland mit einem Ausbildungsstand der Mitarbeiter zu rechnen, der eine bis ins letzte Detail gehende Beschreibung der Arbeitsgänge nicht erfordert.

Ein Beispiel zum Ansatz einer Lösung :

GLP: „Man wiege 2 g Natriumhydroxid ab und löse es in einem Meßkolben unter Umschütteln und Kühlen in 1000 ml destilliertem Wasser."
Für qualifiziertes Personal reicht: „2 g/l NaOH-Lösung ansetzen".

7.3 Beispiele

Die nachfolgenden Beispiele zeigen den unterschiedlichen Aufwand, den man treiben kann oder muß, um auch schon einfache Verfahren zu beschreiben.

7.3.1 Kurz gehaltenes Beispiel für die Bestimmung des Chemischen Sauerstoffbedarfs (CSB) im Bereich über 15 mg/l

Firma XY	Standardarbeitsanweisung	geprüft : QS
Labor Z	CSB im Bereich über 15 mg/l	geprüft : L-PE
SAA : 1	Seite : 1 von 2	Stand : II.II.IIII

Bearbeiter der Vorschrift: Hr. A

1. Durchführende Personen

Hr. A, Hr. B, Fr. C

2. Grundlage des Verfahrens (DIN bzw. DEV)

DIN 38409   H41-1 bei Chlorid-Gehalten <1,0 g/l

H41-2 bei Chlorid-Gehalten >1,0 g/l

3. Abweichungen bzw. Ergänzungen von DIN bzw. DEV

keine

4. Störungen und Gegenmaßnahmen (wenn abweichend von 2)

Bei der Untersuchung des Kraftwerks H muß die CSB-Bestimmung vom Ablauf der REA nach DIN 38409 H41-2 durchgeführt werden, da der Chloridgehalt in der Analysenprobe >1,0 g/l beträgt.

5. Geräte (Typ)/Hersteller und Service

Heizvorrichtung: behrotest Präzisions Heizblock mit Temperatur- und Zeitsteuergerät TRS 100
Rückflußeinrichtung: Reaktionsgefäße NS29 mit Luftkühlern

Hersteller: Fa. Behr Labortechnik GmbH, Sprengerstr. 8,

40474 Düsseldorf 13,

Tel. 0211/74 84 7-17

Metrohm Dosimat 655 mit 20 ml-Wechselaufsätzen für Kaliumdichromat und Ammoniumeisen-(II)-sulfat

Hersteller : Deutsche Metrohm GmbH & CO

Postfach 1160

70772 Filderstadt

Firma XY	Standardarbeitsanweisung	geprüft : QS
Labor Z	CSB im Bereich über 15 mg/l	geprüft : L-PE
SAA : 1	Seite : 2 von 2	Stand : II.II.IIII

6. Chemikalien (wenn abweichend von 2)

Kaliumdichromat: 0,12 N-Lösung in Quecksilber (II)-sulfat-Schwefelsäure von Fa. L GmbH (gebrauchsfertig)

7. Angabe des Ergebnisses

Es werden auf 1 mg/l gerundete Werte angegeben, jedoch maximal 3 signifikante Stellen.

8. Wartung und Pflege

Die Wartung und Pflege erfolgt jeweils eigenverantwortlich nach Bedarf.

9. Qualitätssicherung

Bei jeder Meßserie müssen 3 Blindwerte und ein Standard in der gleichen Weise wie die Analysenproben behandelt werden. Die Ergebnisse der Blindwerte und der Referenzlösung sowie die Differenzen bei Doppelbestimmungen sind in die entsprechenden Regelkarten einzutragen. Zur Interprtation ist die SAA 28 QS-Regelkarten zu beachten.
Der Heizblock muß vierteljährlich mittels eines geeichten Thermometers auf die Einhaltung der erforderlichen Reaktionstemperatur überprüft werden. Das Ergebnis ist im Kontrollbuch für Laborgeräte festzuhalten.

10. Durchführung (wenn abweichend von 2)

Keine Abweichungen.

7.3.2 Ausführlicheres Beispiel für die Bestimmung von Fluorid

Firma XY	Standardarbeitsanweisung	geprüft : QS
Labor Z	Fluorid ionenselektiv	geprüft : L-PE
SAA : 14	Seite : 0 von 9	Stand : II.II.IIII

Bearbeiter : Hr. U

Firma XY	Standardarbeitsanweisung	geprüft : QS
Labor Z	Fluorid ionenselektiv	geprüft : L-PE
SAA : 14	Seite : 1 von 9	Stand : II.II.IIII

1 Hersteller, Vertrieb und Service der Fluorid-Meßstation

Hauptwerk: **WTW** Wissenschaftlich-Technische Werkstätten GmbH
Trifthofstraße 57a
82362 Weilheim,
Tel.: (0881) 183-0, Ttx 881803, Fax (0881) 6 25 39

WTW Büros: **82362 Weilheim**, Eduard Pöhler,
im Hause WTW, Tel.: (0881) 183-0

58097 Hagen, Hans Duckstein,
Alsenstraße 20, Tel.: (02331) 2 53 39

50672 Köln, Albert Wermke,
Ehrenstraße 71, Tel.: (0221) 23 67 04

Technische Kundenberatung (Labormeßtechnik): Johann Heilbock
Ralf Degner
Jürgen Winkler
Heidrun Lehnhart

2 Bedienungspersonal

Hauptbetreuer des Meßplatzes : Hr. V
Mitbetreuer des Meßplatzes : Hr. B
Vertreter für beide oben genannten Herren : Hr. N

Firma XY	Standardarbeitsanweisung	geprüft : QS
Labor Z	Fluorid ionenselektiv	geprüft : L-PE
SAA : 14	Seite : 2 von 9	Stand : II.II.IIII

3 Allgemeine Angaben

Fluorid-Ionen kommen in fast allen Grund- und Oberflächenwässern vor. Ihre Konzentration hängt hauptsächlich von den hydrogeologischen Verhältnissen ab und liegt meist unter 1 mg/l. Bestimmte industrielle Abwässer enthalten Fluorid-Ionen auch in höheren Konzentrationen. Der Fluorid-Meßwert ist auch abhängig von der Art und Konzentration gleichzeitig im Wasser vorliegender Kationen wie Ca^{2+}, Al^{3+} oder Fe^{3+}, die mit Fluorid-Ionen Verbindungen verschiedener Löslichkeit und Dissoziation bilden.

4 Anwendungsbereich

Die Bestimmung von Fluorid mittels Fluorid-Ionenselektiver Elektrode ist bei Trink- und Oberflächenwasser direkt anwendbar, hingegen können bei einigen Abwässern Störungen auftreten, die nach dem Verfahren **DIN 38 405-D4-2** kompensiert werden können.

5 Grundlagen des Verfahrens

Bei Kontakt einer Fluorid-Ionenselektiven Elektrode mit einer wäßrigen Lösung, die Fluorid-Ionen enthält, stellt sich zwischen Meß- und Bezugselektrode eine Kettenspannung ein, deren Höhe dem Logarithmus des Zahlenwertes der Fluorid-Ionenaktivität proportional ist. Darüber hinaus beeinflussen Temperatur und Ionenstärke diese Kettenspannung. Daher müssen sie bei Kalibrierung und Messung übereinstimmen und konstant gehalten werden. Auch ist die Fluorid-Ionenaktivität vom pH-Wert abhängig. Zur Fixierung des pH-Wertes und des Aktivitätskoeffizienten dienen spezielle Pufferlösungen.

6 Störungen

Einige Kationen wie z.B. Al^{3+} und Fe^{3+}, können sehr stabile und schwerlösliche Fluorid-Komplexe bilden, welche durch Zusatz der Pufferlösung (nach Abschnitt 9.1) weitgehend dekomplexiert werden. Das Anion BF_4^- wird durch die Pufferlösung nicht dekomplexiert und in einigen Fällen können auch organische Inhaltsstoffe die potentiometrische Messung stören; solche Störungen werden durch Anwendung des Verfahrens nach **DIN 38 405-D4-2** ausgeschlossen. Die Steilheit der Fluorid-Meßkette sollte zwischen 56 und 59 mV betragen, ansonsten sollte der Zustand der Elektroden laut deren Bedienungsanleitungen überprüft werden.

Firma XY	Standardarbeitsanweisung	geprüft : QS
Labor Z	**Fluorid ionenselektiv**	geprüft : L-PE
SAA : 14	Seite : 3 von 9	Stand : II.II.IIII

Eventuell muß die Bezugselektrode neu gefüllt werden (siehe Abschnitt 12).

7 Bezeichnung

Bezeichnung des Verfahrens zur direkten Bestimmung von Fluorid-Ionen (D4) mittels Fluorid-Ionenselektiver Elektrode:

Verfahren DIN 38 405-D4-1

8 Geräte für die Fluorid-Bestimmung

- Mikroprozessor pH/ION Meter **pMX 2000** (Ser.-Nr.:48060061)
- Extender **E 2000** (Ser.Nr.:4848040)
- Fluorid-Elektrode **F 50** (Ser.-Nr.:19070019)
- Bezugselektrode **R 502** (Ser.-Nr.:1907001)
- Temperaturfühler **TFK 530** (Ser.-Nr.:5803076)
- Magnetrührer Ikamag **RET-G** (Ser.-Nr.:0518783)

8.1 Elektrolytlösungen für Elektroden

- Innenelektrolyt für **R 502** (Best.-Nr.: 170180)
- Brückenelektrolyt für **R 502** (Best.-Nr.: 170130)

8.2 Weitere Geräte

- Vorrichtung zur Membranfiltration, mit Membranfilter (0,45 µm)
- 50 ml Bechergläser für Proben
- 1-1,5 cm lange Rührfische
- 100 ml Meßkolben für Aufstock- und Standardlösungen
- 1000 ml Schliffhalsflasche mit 15 ml Glaskipper für Pufferlösung

Firma XY	Standardarbeitsanweisung	geprüft : QS
Labor Z	Fluorid ionenselektiv	geprüft : L-PE
SAA : 14	Seite : 4 von 9	Stand : II.II.IIII

- 1 ml Eppendorf Kolbenhubpipette
- 5000 ml Becherglas
- 5000 ml Meßkolben
- 5000 ml PE-Flasche
- Stativstange mit Elektrodenklammer
- Kurzzeitmesser

9 Chemikalien

Es werden nur Chemikalien des Reinheitsgrades „zur Analyse", und als Wasser wird destilliertes oder entionisiertes Wasser verwendet.

9.1 Pufferlösung

Die zur Messung mittels Fluorid-Ionenselektiver Elektrode verwendeten speziellen Puffer-lösungen sind verschieden zusammengesetzt und auch unter dem Begriff "TISAB" (Total Ionic Strength Adjustment Buffer) bekannt. Die hier verwendete Pufferlösung hat einen pH-Wert von 5,8 und wird wie folgt hergestellt:

- 1500 g Natriumcitrat, $C_6H_5Na_3O_7 * 2H_2O$, in einem 5000 ml Becherglas mit ca. 4000 ml Wasser lösen.
- Darin 110 g 1,2-Cyclohexylendinitrilotetraessigsäure, $C_{14}H_{22}N_2O_8 * H_2O$, und an-schließend 300 g Natriumchlorid, NaCl, lösen.
- Die Lösung in einen 5000 ml Meßkolben überführen, mit Wasser bis zur Marke auffüllen und in einer PE-Flasche aufbewahren.
- Die Lösung ist unbrauchbar, wenn sich darin flockige Niederschläge bilden.

9.2 Fluorid-Stammlösung 1 (c_{F^-} = 100 mg/l)

Als Fluorid-Stammlösung 1 kann, falls vorhanden, der zur Ionenchromatographie verwendete Standard (100 mg/l F^-) verwendet werden.

Firma XY	Standardarbeitsanweisung	geprüft : QS
Labor Z	**Fluorid ionenselektiv**	geprüft : L-PE
SAA : 14	Seite : 5 von 9	Stand : II.II.IIII

(- 10 ml von der Stammlösung (c_F- = 1 g/l) im 100 ml Meßkolben mit Wasser bis zur Marke auffüllen.)

9.3 Fluorid-Stammlösung 2 (c_F- = 10 mg/l)

Als Fluorid-Stammlösung 2 kann, falls vorhanden, der zur Ionenchromatographie verwendete Standard (10 mg/l F$^-$) verwendet werden (1 ml von der Stammlösung (c_F- = 1 g/l) im 100 ml Meßkolben mit Wasser bis zur Marke auffüllen).

9.4 Fluorid-Standard 1 (c_F- = 0.2 mg/l)

2 ml der Fluorid-Stammlösung 2 (nach Abschnitt 9.3) im 100 ml Meßkolben mit Wasser bis zur Marke auffüllen.

9.5 Fluorid-Standard 2 (c_F- = 1.0 mg/l)

1 ml der Fluorid-Stammlösung 1 (nach Abschnitt 9.2) im 100 ml Meßkolben mit Wasser bis zur Marke auffüllen.

9.6 Fluorid-Aufstocklösung (c_F- = 3.0 mg/l)

3 ml der Fluorid-Stammlösung 1 (nach Abschnitt 9.2) im 100 ml Meßkolben mit Wasser bis zur Marke auffüllen.

10 Probenvorbereitung

Die Proben werden durch ein Membranfilter filtriert. Falls Nachfällungen zu erwarten sind ist die Filtration erst kurz vor der Messung durchzuführen.

Firma XY	Standardarbeitsanweisung	geprüft : QS
Labor Z	Fluorid ionenselektiv	geprüft : L-PE
SAA : 14	Seite : 6 von 9	Stand : II.II.IIII

11 Durchführung

Wenn die Meßkette* längere Zeit nicht in Gebrauch war, kann es nötig sein, sie vor der Messung einige Minuten in Wasser stehen zu lassen, damit sich die Verkrustungen vom Aufbewahrungselektrolyten (Brückenelektrolyt R 502) von der Elektrode lösen. Anschließend öffnet man kurz das Schliffdiaphragma der Bezugselektrode um den Elektrolytfilm zu erneuern (siehe Bedienungsanleitung der Bezugselektrode R 501/502).

Da sich der Elektrodennullpunkt und die -steilheit einer Fluorid-Ionenselektiven Elektrode im Allgemeinen im Laufe der Zeit ändern können, wird an jedem Meßtag eine neue Kalibrierung vorgenommen.

Die Messung wird unter ständigem Rühren mit dem Magnetrührer durchgeführt. Nach jeder Messung wird die Meßkette gründlich mit dest. H_2O gespült und vorsichtig mit fusselfreiem Papier (z.B. Filterpapier) abgetupft.

11.1 Kalibrierung des "pMX 2000"

In zwei 50 ml Bechergläsern mit Rührfischen wird je 15 ml TISAB-Lsg. vorgelegt und 15 ml Standardlösung addiert:

Probe   1:   15   ml   Fluorid-Standard   1   (nach   Abschnitt   9.4)

Probe   2:   15   ml   Fluorid-Standard   2   (nach   Abschnitt   9.5)

(Wenn Fluorid-Gehalte von c_{F^-}=< 0.2 mg/l erwartet werden, wird noch jeweils 1ml H_2O hinzupipettiert, um den Verdünnungsfaktor bei der Aufstockung auszugleichen)

*Bei der Fluoridelektrode (F 500) ist vor Inbetriebnahme die schwarze Schutzkappe zu entfernen.

Firma XY	Standardarbeitsanweisung	geprüft : QS
Labor Z	Fluorid	geprüft : L-PE
SAA : 14	Seite : 7 von 9	Stand : II.II.IIII

Wenn die Meßkette (**F 50/R 502**), der Temperaturfühler (**TFK 530**) und der Extender (**E 2000**) ordnungsgemäß angeschlossen sind und das **pMX 2000** betriebsbereit ist (siehe Bedienungsanleitung **pMX 2000**), wird das Programm zur linearen Kalibrierung aufgerufen:

Tastenfeld **pMX 2000**: [PROG]

Tastenfeld Extender: [PROG NR] [6] [ENTER]

Anzeige	Arbeitsschritt	Taste (nur Extender)
INPUT AUTO/MAN	Betriebsart wählen	[MAN]
MAN	Betriebsart quittieren	[ENTER]
INPUT DIMENSION	Dimension angeben	[9 - g/l]
g/l	Dimension quittieren	[ENTER]
INPUT STANDARD 1	Konzentration des 1. Standards eingeben	[0] [.] [2] [EE^] [-] [3]
Eingegebener Wert	Eingabe quittieren	[ENTER]
STANDARD 1	Meßkette in Standard 1 eintauchen	[RUN]
Meßkettenspannung in mv	stabile Anzeige abwarten (5 min.) notieren* und Meßwert quittieren	[ENTER]
INPUT STANDARD 2	Konzentration des 2. Standards eingeben	[1] [.] [0] [EE^] [-] [3]
Eingegebener Wert	Eingabe quittieren	[ENTER]
STANDARD 2	Meßkette mit dest. Wasser spülen und in Standard 2 eintauchen	[RUN]
Meßkettenspannung in mv	stabile Anzeige abwarten (5 min.) notieren* und Meßwert quittieren	[ENTER]
S *Steilheit* mV	Steilheit notieren* und Eichprogramm beenden	[RUN]

*Die Werte werden zur Kontrolle ins Fluorid-Kontrollbuch eingetragen. Die Steilheit sollte zwischen 56 und 59 mV betragen, ansonsten sollte der Zustand der Elektroden laut Bedienungsanleitungen der Fluorid-Elektroden überprüft werden (siehe Abschnitt 6).

Firma XY	Standardarbeitsanweisung	geprüft : QS
Labor Z	Fluorid ionenselektiv	geprüft : L-PE
SAA : 14	Seite : 8 von 9	Stand : II.II.IIII

11.2 Messung

Nach der Kalibrierung ist das Gerät direkt meßbereit. Dazu wird nun das Programm zur „Direktpotentiometrie im linearen Bereich der Kennlinie" aufgerufen:

Tastenfeld Extender: [PROG NR] [1] [2] [ENTER]

Falls die Betriebsart **CONT** nicht schon eingestellt ist betätigt man auf dem **pMX 2000** die entsprechende Taste:

Tastenfeld **pMX 2000**:   [CONT]

Das Display des **pMX 2000** zeigt nun kontinuierlich den Fluorid Gehalt einer Probe an.

Die Messung wird wie folgt durchgeführt:

– In 50 ml Bechergläsern mit Rührfischen werden je 15 ml TISAB-Lsg. vorgelegt und 15 ml der vorbereiteten Probe (nach Abschnitt 10) addiert.

Wenn Fluorid-Gehalte unter **0.2 mg/l** erwartet werden, wird die Probe mit **1ml Fluorid-Aufstocklösung** (nach Abschnitt 9.6) um 0.2 mg F$^-$/l aufgestockt. Dadurch liegt der Fluorid-Gehalt auf jeden Fall im Kalibrierbereich. Bei dem angegezeigten Ergebnis muß dieser Wert natürlich wieder abgezogen werden. (Der bei der Aufstockung auftretende Verdünnungsfaktor sollte bei der Kalibrierung berücksichtigt werden (siehe Abschnitt 11.1))

– Die erste Probe wird auf den Magnetrührer gestellt, und die Meßkette mit dem Temperaturfühler bei eingeschaltetem Rührer eingetaucht.
– Nach 5 min. (Kurzzeitmesser) wird der angezeigte Wert abgelesen und notieren.
  !! Dabei ist zu beachten, daß die Werte in **mg/l**, **µg/l** und **ng/l** angezeigt werden. !!
– Die Meßkette wird aus der Probe genommen, mit dest. H$_2$O gespült und mit Filterpapier vorsichtig abgetupft, bevor sie in die nächste Probe getaucht wird.

So werden die Proben der Reihe nach durchgemessen. Wenn ein Meßwert über dem kalibrierten Meßbereich liegt, wird eine entsprechende Verdünnung angesetzt und wie oben verfahren.

Firma XY	Standardarbeitsanweisung	geprüft : QS
Labor Z	Fluorid ionenselektiv	geprüft : L-PE
SAA : 14	Seite : 9 von 9	Stand : II.II.IIII

11.3 Beendigung der Messung

Nach Beendigung der Messung wird das **pMX 2000** nur ausgeschaltet. Die Meßkette wird nach der Messung mit dest. H_2O abgespült und mit Filterpapier vorsichtig abgetupft. Die Lagerung und Wartung der Elektroden ist in Abschnitt 12 beschrieben.

12 Lagerung und Wartung der Meßkette

Die Bezugselektrode wird in der Brückenelektrolytlösung **R 502** aufbewart (siehe auch Bedienungsanleitung für Bezugselektrode **R 501/R 502**). Wenn die Elektrode in Kürze wieder gebraucht wird reicht es auch, wenn sie in eine wäßrige Lösung taucht. Auf die Fluoridelektrode **F 500** wird die Schutzkappe aufgesetzt.
Wenn bei der Bezugselektrode **R 502** der Flüssigkeitsstand des Innen- oder Außenelektrolyten zu stark abgesunken ist, dann muß dieser entsprechend der Bedienungsanleitung der Elektrode aufgefüllt werden (siehe Bedienungsanleitung **F 500, R 501/R 502**). Anschließend öffnet man kurz das Schliffdiaphragma der Bezugselektrode um den Elektrolytfilm zu erneuern. Dies empfiehlt sich auch nach längerer Meßpause.

13 Angabe des Ergebnisses

Es werden bei einer Massenkonzentration an Fluorid-Ionen von

   < 1 mg/l auf 0,01 mg/l
   >= 1 mg/l auf 0,1 mg/l

gerundete Werte angegeben, jedoch nicht mehr als 3 signifikante Stellen.

14 Qualitätssicherung

Dokumentation der Steilheit im Kontrollbuch zur Fluorid-Bestimmung. Bei Abweichungen Information der Qualitätssicherung. Standard-Addition ist grundsätzlich bei Proben von Kläranlagen- und Betriebsabwässern angezeigt. Nach längeren Meßpausen Überprüfung der Kalibrierung mit Standard 1 mg/l und Dokumentation in der QS-Regelkarte für Fluorid.

7.3.3 Sehr ausführliches Beispiel für die Bestimmung von Stickstoff

Firma XY	Standardarbeitsanweisung	geprüft : QS
Labor Z	Ammonium und org. Stickstoff	geprüft : L-PE
SAA : 47	Seite : 1 von 19	Stand : II.II.IIII

Inhaltsverzeichnis   Bearbeiter : Fr.A

Firma XY	Standardarbeitsanweisung	geprüft : QS
Labor Z	Ammonium und org. Stickstoff	geprüft : L-PE
SAA : 47	Seite :　2 von　19	Stand : II.II.IIII

3.3 Störungen Vapodest 5

3.3.1 Überlauf

3.3.2 pH-Elektrode

3.3.3 Entfernung von Luftblasen in der Bürette

4 Organisch gebundener Stickstoff nach Kjeldahl

4.1 Allgemeines

4.2 Lösungen

4.3 Ausführung des Kjeldahl-Aufschlußes

5 Gesamt-Stickstoffbestimmung in Schlämmen nach DIN 19684

5.1 Allgemeines

5.2 Reagenzien

5.3 Durchführung

5.4 Berechnung

6　Angabe des Ergebnisses

7　Dokumentation und Archivierung

8　Qualitätssicherung

9　Hersteller und Service der Vapodest-Geräte und Aufschlußblöcke

10　Bedienungspersonal

Firma XY	Standardarbeitsanweisung	geprüft : QS
Labor Z	Ammonium und org. Stickstoff	geprüft : L-PE
SAA : 47	Seite : 3 von 19	Stand : II.II.IIII

1 Bestimmung des Ammonium-Stickstoffs in Oberflächen- und Abwasserproben

1.1 Allgemeines

Ammonium-Stickstoff ist in vielen Oberflächen-, in einigen Grundwässern sowie in allen häuslichen und oft auch in industriellen, gewerblichen Abwässern enthalten. Die Form, in der Ammonium-Stickstoff im Wasser vorkommt, ist vom pH-Wert des Wassers abhängig :

> niederiger pH-Wert - als NH_4-Ion
> höherer pH-Wert   - als NH_4OH bzw. NH_3

1.2 Anwendungsbereich

Wasser mit einem Gehalt an Ammonium-Stickstoff oder organisch gebundenem Stickstoff von 0,1 bis 2 mg/l N kann alternativ photometrisch bestimmt werden. Bei höheren Konzentrationen muß die Wasserprobe entsprechend verdünnt werden. In der Routine wird die Bestimmung vollautomatisch mit dem Vapodest-5 durchgeführt.

1.3 Normengrundlage

DIN 38406 Teil 5   – Bestimmung des Ammonium-Stickstoffs

2 Photometrische Stickstoff-Bestimmung

2.1 Theorie

Der in der Probe enthaltene Ammonium-Stickstoff wird als Ammoniak abdestilliert, in schwefelsaurer Vorlage aufgefangen, angefärbt und photometriert. Bei der Anfärbung werden Ammonium-Ionen durch aktives Chlor zu Chloramin oxidiert, das in Anwesenheit von Phenolen unter Oxidation zu Chinonchloraminen weiterreagiert.

Firma XY	Standardarbeitsanweisung	geprüft : QS
Labor Z	Ammonium und org. Stickstoff	geprüft : L-PE
SAA : 47	Seite : 4 von 19	Stand : II.II.IIII

Im alkalischen Medium verbinden sich diese mit überschüssigen Phenolen zu den blaugefärbten Indophenolen. Bei dieser Methode wird als chlorabgebende Komponente Natriumdichlorcyanurat, als Phenol Salicylsäure und als Katalysator Nitroprussidnatrium eingesetzt.

Der unter diesen Bedingungen gebildete Farbstoff hat sein Absorptionsmaximum bei 655 nm, gemessen wird in einer 1 cm Durchlauf-Küvette.

2.2 Störungen

Liegt zwischen der Probenahme und Untersuchung des Wassers ein Zeitraum von mehreren Stunden, muß die Probe konserviert werden (mit H_2SO_4 auf pH <2 und Kühlung bei 2 - 5 °C).

Harnstoff und andere Säureamide stören die Bestimmung durch Abspaltung von Ammoniak bei der Destillation aus stark alkalischer Lösung. Um diesen Fehler möglichst klein zu halten, wird bei einem pH-Wert von 7,5 destilliert (Phosphatpuffer).

2.3 Lösungen

(1) Phosphat-Puffer (pH 7,5)
14,3 g KH_2PO_4 + 91,2 g $K_2HPO_4 \cdot 3H_2O$ in 1 l Meßkolben mit H_2O auffüllen.

(2) H_2SO_4   0,05 mol/l

(3) Anfärbelösung I
130 g $C_7H_5O_3Na$ (Natriumsalicylat)
+ 130 g $C_6H_5O_7Na_3 \cdot 2H_2O$ (tri-Natriumcitrat)
+ 0,97 g $Na_2[Fe(CN)_5NO] \cdot 2H_2O$ (Nitroprussid-Natrium)
werden zusammen im 2-Liter-Becherglas eingewogen, mit ca. 700 ml H_2O in Lösung gebracht (mit Rührfisch!), in einen 1000 ml Meßkolben überführt und mit destilliertem H_2O aufgefüllt. Diese Lösung ist, im Dunkeln aufbewahrt, mindestens 2 Wochen haltbar.

Firma XY	Standardarbeitsanweisung	geprüft : QS
Labor Z	Ammonium und org. Stickstoff	geprüft : L-PE
SAA : 47	Seite : 5 von 19	Stand : II.II.IIII

(4) Anfärbelösung II

a) 8,0 g NaOH (Plätzchen) werden in ca. 50 ml dest. H_2O gelöst.

b) 0,50 g C3N3Cl2O3Na werden auch in ca. 50 ml dest. H_2O gelöst.

Beide Lösungen werden nach dem Abkühlen in einen 250 ml Meßkolben überführt und mit dest. H_2O aufgefüllt. Diese Lösung ist am Tag der Anwendung frisch anzusetzen.

2.4 Geräte

- Spektralphotometer
- Küvetten, Schichtdicke 1 und 5 cm
- Wasserbad, einstellbar auf 25 ± 0,2 °C
- Vollpipetten
- Meßkolben
- Meßzylinder

2.5 Ausführung

Zur Destillation werden 100 ml der Wasserprobe in ein Aufschlußrohr pipettiert, mit 5 ml Pufferlösung (1) versetzt und mit dem Vapodest 2 destilliert.

Das Destillat wird in 5 ml 0,1 n H_2SO_4 (2) im 100 ml Meßkolben aufgefangen bis die Eichmarke erreicht ist.

2.6 Anfärbung und photometrische Messung

30 ml (oder weniger!) vom Destillat werden in einen 50 ml Meßkolben pipettiert. Nacheinander unter Umschwenken mit 4 ml Anfärbelösung I (3) und 4 ml Anfärbelösung II (4) versetzen. Mit dest. H_2O auffüllen, homogenisieren und 1,5 h im Wasserbad bei 25 °C stehen lassen. Danach wird die Extinktion in einer 1 cm Durchlaufküvette im Photometer gemessen. Meßwert E - bei 655 nm Wellenlänge.

Firma XY	Standardarbeitsanweisung	geprüft : QS
Labor Z	**Ammonium und org. Stickstoff**	geprüft : L-PE
SAA : 47	Seite : 6 von 19	Stand : II.II.IIII

Zum Einstellen des Photometers auf 0,000 wird eine sogenannte Leerwert-Probe verwendet. Dazu wird dest. H_2O im 50 ml Meßkolben angefärbt (es muß einen gelben Farbton aufweisen).

2.7 Bestimmung des Blindwertes

Der Blindwert (B) des gesamten Destillationsverfahrens muß gesondert ermittelt und abgezogen werden. Die Bestimmung erfolgt in der oben genannten Weise unter Einsatz von 100 ml NH_4^+ freiem H_2O zur Destillation. Vom Destillat werden 30 ml in einen 50 ml Meßkolben abpipettiert, angefärbt und photometriert. 43,00 ist der Faktor, entnommen aus der erstellten Kalibrierfunktion nach DIN 38405 A51 (der Blindwert beträgt durchschnittlich 1 - 2 µg/l N).

2.8 Berechnung des Gehaltes der Wasserprobe an NH_4-N

$$mg/l\ N = [(E * F * 100 - B) * C] : A$$

E = Extinktion
A = ml Aliquot aus Destillat
B = Blindwert in µg N für Verfahren
C = ml Abwasserprobe
F = Auswertfaktor, entnommen aus der Eichkurve

Die Kalibrierfunktion muß mindestens einmal jährlich nach DIN 38402 A51 kontrolliert werden. Die Anwendung der Auswerteformel erfolgt mittels eines programmierbaren Taschenrechners vom Typ HP 11C.

2.9 Rechenprogramm des hp-11c

f - R   (löschen!)
g
T/S

Firma XY	Standardarbeitsanweisung	geprüft : QS
Labor Z	Ammonium und org. Stickstoff	geprüft : L-PE
SAA : 47	Seite : 7 von 19	Stand : II.II.IIII

f - LBL - 1

RCL   0

R/S   A ml Dest.

STO   0

RCL   1

R/S   B Blindwert

STO   1

RCL   2

R/S   C ml Abwasser

STO   2

f - LBL - 2

4

3

0   Faktor aus Kalibrierkurve

0

R/S   Ext.

x

RCL   0

%

RCL   1

-

RCL   2

%

f Pause R/S

f Pause R/S

f Pause R/S

GSBTO   2

g RTN

2.10 Aufstellen der Kalibrierkurve

655 nm - 1 cm Küvette - 1,5 h bei 25 °C im Wasserbad

Bereich 0 - 40 μg N absolut in 50 ml Anfärbevolumen

Benötigte Konzentration der Arbeitslösung $(NH_4)_2SO_4$ 1 ml = 1 μg/N

Firma XY	Standardarbeitsanweisung	geprüft : QS
Labor Z	**Ammonium und org. Stickstoff**	geprüft : L-PE
SAA : 47	Seite : 8 von 19	Stand : II.II.IIII

Dazu werden für eine Stammlösung A 0,4717 g $(NH_4)_2SO_4$/l eingewogen.
(1000 ml = 100 mg N   1 ml = 0,1 mg = 100 µg)

Für Lösung B werden 10 ml/l aus Lösung A abgenommen.

$$10 \text{ ml/l} = 1000 \text{ ml} = 1 \text{ mg}$$
$$1 \text{ ml} = 1 \text{ µg}$$

In einer Serie von 18 Meßkolben (50 ml) werden folgende Konzentrationen aus Lösung B hergestellt.

<u>Für sechs Kalibrierpunkte:</u> 0 µg - 5 µg - 10 µg - 20 µg - 30 µg - 40 µg N
Jeder Kalibrierpunkt wird aus drei Einzelproben ermittelt.

3 Ammonium-Stickstoff-Bestimmung mit Vapodest-5

3.1 Allgemeines

Der Vapodest-5 ist ein Gerät für die automatische Stickstoff-Bestimmung. Es besteht aus Dampferzeuger, Destillationseinheit und Titriersystem mit potentiometrischer Endpunkt-bestimmung. Der eingebaute Mikroprozessor erlaubt die freie Wahl der Destillationszeit mit Hilfe von abspeicherbaren Programmen und der Wahl des Programmablaufes.

– Destillation
– Beginn der Titration
– Endpunktbestimmung durch Rücktitration zum Start-pH
– Ermittlung, Speicherung und Verrechnung von Blindwert und Titer
– Eingabe der Anwendungsmenge in ml
– Berechnung und Ausdruck des Resultates in mg/l N.

Es werden automatisch die Chemikalien zudosiert und die Destillationsrückstände abgesaugt.

Firma XY	Standardarbeitsanweisung	geprüft : QS
Labor Z	Ammonium und org. Stickstoff	geprüft : L-PE
SAA : 47	Seite : 9 von 19	Stand : II.II.IIII

3.2 Bedienung des VAPODEST-5

Vor dem Einschalten des Gerätes muß geprüft werden, ob alle Chemikalientanks aufgefüllt sind.

a) Borsäure (H3BO3 - 20 g/l)

b) Salzsäure (HCl - 0,01 n - ggf. stärker)

c) Puffer pH 9 (fertige Lieferung von Fa. Kraft oder Ansatz:

    Stammlösung A   6,2 g H3BO3 + 7,46 g KCl auf 1 l

    Stammlösung B   NaOH - 0,1 mol/l

    Ansatz: 500 ml A + 210 ml B auf 1 l pH 9

d) Natronlauge (NaOH - 100 g/l - ggf. stärker)

e) Dest. Wasser für Dampferzeuger

3.2.1 Einschalten und die tägliche Wartung des Gerätes

Kühlwasser anstellen und Hauptschalter einschalten.

Drucker einschalten - Display fragt - Heizung + Dampferzeuger an? - YES beantworten.

Sollten sich in der Bürette Luftblasen gebildet haben (außer auf dem Stempel, wo immer einige sind), müssen sie entfernt werden (beschrieben unter Störungen!).

Spülprogramm Bürette?

    – YES beantwortet, spült die Bürette 3x und füllt neue Borsäure nach,

    – NO   beantwortet, schaltet das Gerät auf Programm-Wahl.

Nun wird das Programm für NH_4-N oder für org.-N eingegeben.

Firma XY	Standardarbeitsanweisung	geprüft : QS
Labor Z	**Ammonium und org. Stickstoff**	geprüft : L-PE
SAA : 47	Seite : 10 von 19	Stand : II.II.IIII

3.2.2 Serie eintrippen

	TASTE DRÜCKEN	ANZEIGE
	WEIGHT	
		„Eingabe" (blinkt)
	YES	
		„Serie"
9, 10 oder 11	ENT	
		„Probe 1 Abnahme 000,0"
Zahl eingeben	ENT	
		...
Abbruch: ohne Eingabe	ENT	
		„Weitere Serien?"
	YES/NO	

Bei fehlerhafter Eingabe ist es möglich, durch Drücken der C-Tase Daten zu überschreiben (Programm geht dabei einen Schritt zurück).

Serie: 9 NH_4-N
              10   org.-N
              11   Schlämme

Firma XY	Standardarbeitsanweisung	geprüft : QS
Labor Z	Ammonium und org. Stickstoff	geprüft : L-PE
SAA : 47	Seite : 11 von 19	Stand : II.II.IIII

3.2.3 Starten des Programms

TASTE DRÜCKEN   ANZEIGE

SAMPLE   „Programm"

1, -2, -3, -   ENT

„Probe" Serie (9,10 od.11)

Probennummer   ENT

Probe 1...pH4,70 RUN"

pH-Wert kontrollieren, bei unkorrektem pH-Wert H_3BO_3 tippen um die Borsäure zu wechseln; wenn dann alles klar ist...

RUN

Programm: 1 NH_4-N
              2   org.-N
              3   Schlämme

3.2.4 Ausdrucken einer Serie

geht folgendermaßen: (z.B. zur Kontrolle von Tippfehler)

TASTE DRÜCKEN   ANZEIGE

WEIGHT

„Eingabe" (blinkt)

NO

„Ausdruck" (blinkt)

Firma XY	Standardarbeitsanweisung	geprüft : QS
Labor Z	**Ammonium und org. Stickstoff**	geprüft : L-PE
SAA : 47	Seite : 12 von 19	Stand : II.II.IIII

YES

„Serie"

Zahl eingeben   ENT

RUN

3.2.5 Probenvorbereitung für NH$_4$-Bestimmung

Jedes Probenrohr wird mit dest. H$_2$O gespült.

Die Proben werden in die Probengläser pipettiert und ggf. mit einem 100 ml Meßzylinder auf 100 ml aufgefüllt.

Anwendungsmenge für verschiedene Konzentrationsbereiche:

Abnahme ml	Konzentrationsbereich mg/l N		
100	0,1	bis	30,0
50	20,0	bis	80,0
20	50,0	bis	100
10	100	bis	300
5	300	bis ca.	850

Höhere Konzentrationsbereich müssen entsprechend mit stärkerer z.B. 0,02 n HCl titriert werden.

Als erste Probe des Tages einen oder mehrere Blindwerte bestimmen, um das Gerät zu überprüfen.

Firma XY	Standardarbeitsanweisung	geprüft : QS
Labor Z	**Ammonium und org. Stickstoff**	geprüft : L-PE
SAA : 47	Seite : 13 von 19	Stand : II.II.IIII

Den pH-Wert der (täglich frisch angesetzten) Borsäure überprüfen. Der Wert sollte zwischen pH 4,0 und 4,8 liegen.

Bei Abweichungen, die Borsäure in der Vorlage wechseln (H_3BO_3-Taste drücken).

Weicht der pH-Wert dann noch ab, muß die Elektrode kalibriert werden (aufgeführt unter Störung).

Als zweite Probe soll zur Kontrolle täglich mindestens eine Standardprobe mitgemessen werden.

Die Ergebnisse der Blindwerte und Standards sind in den QS-Regelkarten einzutragen und gemäß der SAA 28 zu begutachten.

3.3 Störungen Vapodest-5

3.3.1 Überlauf

Ist die Vorlage übergelaufen, so muß man sie von Hand entleeren. Dazu die Vorlage um eine Vierteldrehung drehen und abnehmen. Sobald das Warnsignal verstummt, sofort die (STOP)-Taste drücken, weil das Gerät sonst weiterdestilliert oder -titriert.

Den Rest der Serie muß man neu starten. Vor dem Start (H_3BO_3) drücken, um die Vorlage zu füllen.

„Kein Kühlwasser" wird gemeldet, wenn der Wasserhahn zu oder nicht genügend geöffnet ist.

Alle weiteren Fehlermeldungen sind relativ eindeutig und kommen nur seltener vor. Sie sind im Handbuch ausreichend erklärt (Seite 37).

3.3.2 pH-Elektrode

Die Elektrode Muß täglich kalibriert werden. Dazu sind 2 Pufferlösungen von pH 4 und pH 7 nötig.

TASTE DRÜCKEN	ANZEIGE
CAL	
	„Titer" (blinkt)
NO	
	„Blindwert" (blinkt)

Firma XY	Standardarbeitsanweisung	geprüft : QS
Labor Z	Ammonium und org. Stickstoff	geprüft : L-PE
SAA : 47	Seite : 14 von 19	Stand : II.II.IIII

NO

„pH" (blinkt)

YES

„Elektr. Parameter" (blinkt)

NO

„Kallbr." (blinkt)

YES

„Elektrode in pH 7. RUN"

RUN

„Elektrode in pH 4. RUN"

RUN

„Nullpunkt:...Steilheit:..."

Nullpunkt und Steilheit im Kontrollbuch für Vapodest 5 notieren.

Bei Nichtannahme bzw. ERROR evtl. Elektrode mit KCl (3 md/l) nachfüllen oder ganz austauschen.

3.3.3 Entfernung von Luftblasen in der Bürette

Dazu muß „Spülprogramm Bürette" durchgeführt werden

YES beantworten.

Bürette füllt sich. - Vorher Vorlagegefäß entfernen und Becherglas unterstellen! Wenn der Kolben die unterste Position erreicht hat, mit STOP-Taste unterbrechen, Kolben losschrauben, Kolben vorsichtig von Hand nach oben drücken - bis alle Luftblasen aus dem Schlauch ausgetreten sind. Dann den Kolben so positionieren, daß er wieder angeschraubt werden kann (den Vorgang muß man evtl. wiederholen!). Vorlagegefäß wieder anbringen und durch Drücken der Taste H_3BO_3 das Vorlagegefäß mit Borsäure füllen (60 ml).

Firma XY	Standardarbeitsanweisung	geprüft : QS
Labor Z	Ammonium und org. Stickstoff	geprüft : L-PE
SAA : 47	Seite : 15 von 19	Stand : II.II.IIII

4 Organisch gebundener Stickstoff nach Kjeldahl

4.1 Allgemeines

Unter organisch gebundenen Stickstoff versteht man in der Wasserchemie, den in organischen Verbindungen enthaltenen Stickstoff, der analytisch nicht als Nitrat-, Nitrit- oder Ammoniak-Stickstoff erfaßt wird. Er wird durch Kjeldahl-Aufschluß katalytisch aufgeschlossen und in Ammonium-Ionen übergeführt und als Ammoniak abdestilliert. Der in der Wasserprobe enthaltene Ammonium-Stickstoff wird vorher im neutralen Medium verkocht. Nitrat und Nitrit wird durch Zusatz von $CuSO_4+FeCl_3+Na_2SO_3$ in Stickoxide überführt und ebenfalls durch Kochen ausgetrieben. Als Katalysator dient eine Spatelspitze Selenreaktionsgemisch.

4.2 Lösungen

a) Phosphatpuffer: 14,3 g KH_2PO_4 + 91,2 g $K_2HPO_4\cdot3H_2O$ auf 1l

b) Aufschlußsäure: 20 g $FeCl_3\cdot6H_2O$ + 4,4 g $CuSO_4\cdot5H_2O$ + 400 ml H_2SO_4 conz. auf 1l

c) Natriumsulfit-Lösung: 20 g Na_2SO_3+380 ml dest. H_2O (tägl. frisch ansetzen)

d) Selenreaktionsgemisch: (fertig im Handel erhältlich)

e) NaOH - 100 g/l

f) HCl - 0,01 n

4.3 Ausführung des Kjeldahl-Aufschlußes: (organisch gebundener Stickstoff)

Ein aliquoter Teil der neutralisierten Wasserprobe wird in ein Aufschlußrohr pipettiert, mit 5 ml Phosphatpuffer (Lösg.a) und 1 Tropfen Silicon-Entschäumer versetzt. Anschließend mit dest. H_2O auf ca. 100 ml Gesamtvolumen ergänzen.

Firma XY	Standardarbeitsanweisung	geprüft : QS
Labor Z	**Ammonium und org. Stickstoff**	geprüft : L-PE
SAA : 47	Seite : 16 von 19	Stand : II.II.IIII

Im Heizblock bei einer Blocktemperatur von 250 ° C den NH_4-N verkochen (Endvolumen ca. 30 ml). Probenrohre aus dem Heizblock nehmen und nacheinander mit folgenden Reagenzien versetzen:

    5 ml Aufschlußsäure   (Lösg. b)
  + 5 ml Na_2SO_3-Lösung   (Lösg. c)
  + 1 Spatelspitze Selenreaktionsgemisch (d)

(Zur Abdichtung wird das Probenrohr mit einem Filterring und einem Glasaufsatz abgedeckt). Rohre in den Heizblock zurückstellen; nach weiterem Einengen bis fast zur Trockene wird die Blocktemperatur auf 350 ° C gesteigert. Der Aufschluß ist beendet, wenn der Rückstand eine grünliche Färbung angenommen hat (ca. 30 Minuten).

Die Rohre werden aus dem Heizblock genommen, <u>etwas</u> abgekühlt und mit dest. H_2O (ca. 50 ml) versetzt, danach vorsichtig bei 250 ° C ca. 3 Minuten gekocht.

Zur Destillation werden die Rohre im Vapodest mit 50 ml NaOH (Lösg. e) alkalisert und der Wasserdampfdestillation unterzogen. (Weiter jeweils wie unter Abschnitt 3 NH_4-N-Bestimmung beschrieben!)

Auch hier werden arbeitstäglich Blindwerte und Standards parallel mit den Probe untersucht und dokumentiert. Die Berechnung erfolgt auch wie unter NH_4-N-Bestimmung beschrieben!

5 Gesamt-Stickstoffbestimmung in Schlämmen nach DIN 19684

5.1 Allgemeines

Unter Gesamt-Stickstoff versteht man alle Stickstoff-Formen, die durch einen Kjeldahl-Aufschluß nach Zugabe eines Salicyl-Schwefelsäure-Gemisches erfaßt werden.

5.2 Reagenzien

1. Selenreaktions-Gemisch
2. Natriumthiosulfat $(Na_2S_2O_3 \bullet 10H_2O)$ - 100 g/l
3. HCL - 0,01 mol/l
4. NaOH - 30 %ig - 300 g/l

Firma XY	Standardarbeitsanweisung	geprüft : QS
Labor Z	**Ammonium und org. Stickstoff**	geprüft : L-PE
SAA : 47	Seite : 17 von 19	Stand : II.II.IIII

5. Salicyl-Schwefelsäure-Gemisch - 30 g $C_7H_6O_3$ in ca. 90 ml H_2SO_4 (ρ=1,84) zu 1000 ml H_2SO_4 lösen

6. Borsäure - (20 g/l)

5.3 Durchführung

1 bis 2 g Schlamm (naß, aus der Originalprobe) werden in ein Aufschlußrohr eingewogen, mit 5 ml der Lösung 5 versetzt und zur Umsetzung der vorhandenen Nitrate etwa 15 Minuten bei Zimmertemperatur stehengelassen. Zur Reduktion der entstandenen Nitroverbindungen werden 10 ml der Lösung 2 hinzugefügt, mehrfach umgeschwenkt und erneut 15 Minuten stehengelassen. Als Katalysator werden anschließend 0,3 g Selenreaktionsgemisch zugesetzt, unter dem Abzug solange schwach erwärmt, bis das Schäumen nachgelassen hat. Danach langsam stärker erhitzen (bis auf 350 ° C), bis die organische Substanz vollständig zerstört ist und keine Aufhellung der Lösung mehr eintritt. Nach dem Auftreten weißer H_2SO_4-Dämpfe soll die Aufschlußlösung in der Hitze klar und farblos sein. (Ansonsten den Aufschluß fortsetzen!)

Danach auf Raumtemperatur abkühlen und mit 50 ml dest. H_2O aufnehmen und nochmals kurz kochen lassen.

Danach wird der Gesamt-Stickstoff, unter automatischer Zudosierung von 50 ml NaOH (30 %) mittels Vapodest, als Ammonium-Stickstoff bestimmt.

Das heißt, der beim Destillationsvorgang entweichende Ammoniak wird in 30 ml Borsäure (Lösung 6) aufgefangen und automatisch mit HCL (Lösung 3) zurücktitriert, bis der anfangs gemessene pH-Wert der Borsäurelösung wieder erreicht ist.

Zur Bestimmung des Reagenzienblindwertes werden zwei Proben angesetzt, die nur die Reagenzien, ohne Probematerial, enthalten. Das aus diesen Bestimmungen erhaltene Filtrationsergebnis (Mittelwert) ist von den Werten der Analysenprobe abzuziehen.

5.4 Berechnung

Die Massenkonzentration ß an Gesamt-Stickstoff berechnet sich nach folgender Formel:

$$\text{ß} = \frac{(V1 - Vo) \bullet C \bullet M \bullet 1000}{\text{g. Einw.} \bullet 10000} = \text{ges. N (naß)}$$

Firma XY	Standardarbeitsanweisung	geprüft : QS
Labor Z	**Ammonium und org. Stickstoff**	geprüft : L-PE
SAA : 47	Seite : 18 von 19	Stand : II.II.IIII

$$\text{ß} = \frac{(V1 - Vo) \bullet C \bullet M \bullet 1000 \bullet 100}{\text{g. Einw.} \bullet 10000 \bullet \% \, TS} = \text{ges. N (trocken)}$$

V1 = Volumen HCL in ml/Titration der Probe

Vo = Volumen HCL in ml/Titration des Blindwertes

C = Konzentration der Salzsäure

M = Molare Masse von Stickstoff (14 g/mol)

6 Angabe des Ergebnisses

Es werden auf 0,01 mg/l gerundete Werte angeben, jedoch nicht mehr als zwei signifikante Stellen.

7 Dokumentation und Archivierung

Die Dokumentation im Laborjournal muß folgende Angaben enthalten :

- genaue Identifizierung der Probe
- Angabe des Ergebnisses nach Abschnitt 6
- Probenvorbehandlung, falls eine solche durchgeführt wurde
- jede Abweichung von dieser Norm und Angabe aller Umstände, die gegebenenfalls das Ergebnis beeinflußt haben
- Kontrolle des Blindwertes
- Kontrolle des Verfahrens nach jeder 10.Probe mittels eines Standards
- Beurteilung von Außer-Kontroll-Situationen der QS-Regelkarten
- Verfahrenskenngrößen nach DIN 38402 A51

Alle Dokumente sind für mindestens 5 Jahre aufzubewahren und die Ergebnisse müssen nachvollziehbar sein.

Firma XY	Standardarbeitsanweisung	geprüft : QS
Labor Z	Ammonium und org. Stickstoff	geprüft : L-PE
SAA : 47	Seite : 19 von 19	Stand : II.II.IIII

8 Qualitätssicherung

Zur Prüfung der Richtigkeit und Reproduzierbarkeit des Systems werden Standardlösungen gemessen. Sie werden angesetzt, indem man verschiedene Abnahmen einer Stammlösung in die Probengläser pipettiert und auf 100 ml auffüllt.

Herstellung der Stammlösung: Nach DIN 38406 Teil E5
Es werden für den oberen Meßbereich   4,717 g NH_4SO_4 (bei 105 °C getrocknet), für den unteren Meßbereich   0,4717 g NH_4SO_4/l eingewogen, in 1 l Meßkolben gelöst und auf 1 l mit dest. H_2O aufgefüllt.

   4,717 g/l   1 ml = 1 mg/l N
   0,4717 g/l   1 ml = 0,1 mg/l N

Stammlösung für org.-N:

2,143 g/l Harnstoff   1 ml = 1 mg/l N

Die Ergebnisse der Blindwerte und Standards sind in den QS-Regelkarten einzutragen und gemäß der SAA 28 zu begutachten. Nullpunkt und Steilheit der pH-Elektroden im Kontrollbuch für Vapodest 5 notieren.

9 Hersteller und Service der Vapodest-Geräte und Aufschlußblöcke

C.Gerhardt GmbH & Co. KG
Postfach 1628
5300 Bonn 1
Tel.: 0228 / 65 30 75   Anspechpartner : Hr. Kurt

10 Bedienungspersonal

Haupbearbeiter : Fr.A
Vertreter   : Hr.B, Hr.C, Fr.D

8 EDV-gestützte Qualitätssicherung

8.1 Vorbemerkungen

Die in der Praxis gewonnenen Erfahrungen zeigen, daß ein erheblicher Teil der analytischen, aber auch der administrativen Tätigkeiten für Maßnahmen der Qualitätssicherung aufzuwenden ist. Man kann davon ausgehen, daß dieser Anteil rund 20 bis 30 % beträgt. Da in modernen Laboratorien sowohl Meßvorgänge, als auch Auswertungen zum großen Teil durch Computer unterstützt werden, liegt es nahe, auch Maßnahmen zur Qualitätssicherung mit Hilfe der EDV zu bearbeiten.

Der Umfang der rechnergestützten Laborarbeit kann im Einzelfall sehr unterschiedlich sein. Abhängig von der Laborgröße und dem Integrationsgrad der Teilarbeiten gibt es PC-Systeme als *Insellösung*, als *Netzwerk* und größere, *mehrplatzfähige Rechnersysteme*. Ebenso wie die Hardware, kann auch die Software zur Qualitätssicherung unterschiedlich gestaltet sein. Zu den wesentlichen Varianten gehören

- Statistikpakete, die auch Qualitätssicherung unterstützen,
- Programme nur für bestimmte Anwendungen der Qualitätssicherung und
- LIM-Systeme mit integriertem Modul zur Qualitätssicherung.

Gegenstand dieses Kapitels sind die verschiedenen Möglichkeiten zur rechnergestützten Qualitätssicherung. Es werden praktische Beispiele aufgeführt, im Rahmen dieses Buches aber keine Produkte vorgestellt und keine Empfehlungen gegeben. Der Softwaremarkt, der sich an den wandelnden Hardwaremarkt anpaßt, bewegt sich derzeit sehr stark. Es werden laufend neue Produkte entwickelt. Nach Meinung der Autoren gibt es bisher kaum ausgesprochen etablierte Programme zur Qualitätssicherung, da viele Laboratorien die Maßnahmen zur QS ausweiten und den diesbezüglichen Softwaremarkt noch abwartend beobachten. Für die Zukunft sind auf diesem Gebiet noch einige Neuerungen zu erwarten.

8.2 Systeme zur Vorbereitung von Qualitätsregelkarten

Ein nicht zu unterschätzender Aufwand ist dazu nötig, die in einem Labor zu führenden Qualitätsregelkarten für die praktische Anwendung zu erstellen. Häufig werden diese Karten noch per Hand geführt und die Daten zur QS nicht in ein EDV-System eingegeben. Für Qualitätsregelkarten kann man vorgedruckte Formulare verwenden, in die alle notwendigen Informationen einzutragen sind, oder mit Hilfe spezieller Programme diese Karten von einem Computer erstellen lassen. Hierzu ein Beispiel in Abb. 8-1:

Labor: irgendeins   **Datum:** heute

Qualitätssicherung zu Analytik

Kenngröße   : Pestizid A
Probenmaterial   : Getreide
Meßgerät   : HPLC 123
Probenvorbereitung   : Festphasenextraktion, pH 2
Meßvorschrift   : DIN XXXXX

Zeitraum der Untersuchungen : 4.10.93 - 28.12.93
Verantwortlicher Mitarbeiter   : Herr ABC

Basisdaten der Qualitätsreglkarte
Gültigkeitsdatum der Basisdaten : 1.10.93
Mittelwert   :   112 %
Standardabweichung   :   6 %

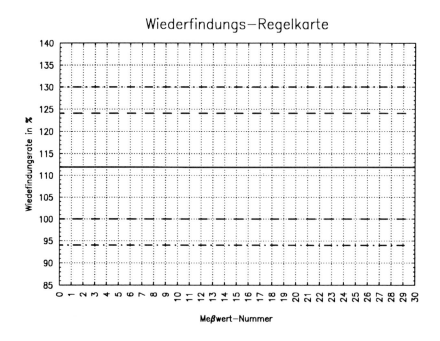

Bemerkungen:

Abb. 8-1. Beispiel einer vorgefertigten Wiederfindungskontrollkarte.

Die im obigen Beispiel aufgeführte Wiederfindungsreglkarte wird im praktischen Betrieb gefüllt und gibt dem zuständigen Personal aktuelle Auskunft über den Zustand des Meßverfahrens. Eine zeitnahe und nachträgliche Auswertung der Meßdaten wird bei dieser Vorgehensweise nicht direkt durch einen Rechner unterstützt. Hierzu bietet es sich an, Statistikpakete oder spezielle QS-Software einzusetzen. Diese unterstützen die Kontrolle der QS-Werte direkt nach ihrer Erfassung. Hierzu mehr in den Abschnitten 8.3 und 8.4.

8.3 Qualitätssicherung in kommerzieller Statistiksoftware

Statistiksoftware ist gewöhnlich so konzipiert, daß zunächst die auszuwertenden Daten in einer internen Tabelle erfaßt oder von externen Dateien, z. B. Datenbank- oder Tabellenkalkulationsprogrammen, importiert werden. Die Module des Statistikpaketes greifen auf diese Tabelle zu, berechnen die angeforderten Kennwerte und stellen die Ergebnisse im gegebenen Fall grafisch dar. In vielen Statistikprogrammen gibt es ein Modul zur Qualitätskontrolle, das sich meist auf Qualitätsregelkarten bezieht.

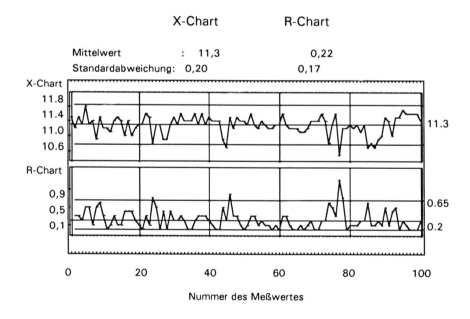

Abb. 8-2. Beispiel einer XR-Kontrollkarte aus einem Statistikpaket.

Die meisten auf dem Markt befindlichen Statistikprogramme wurden in den USA oder in einem englischsprachigen Land entwickelt. Da es sich bei den verkauften Stückzahlen oftmals nicht lohnt, die ganze Benutzeroberfläche deutsch zu gestalten – es gibt aber auch Ausnahmen

– werden sie in ihrer Originalfassung verkauft. Abb. 8-2 zeigt hierzu ein Beispiel für eine XR-Kontrollkarte, d. h. eine Doppelkarte, bei der zeitgleich in einem Diagramm ein Standard (X) und die Streuung, ausgedrückt als Differenz einer Doppelbestimmung (R von Range), aufgetragen sind. Sobald die zum Zweck der QS einer Probenserie durchgeführten Meßwerte vorliegen, müssen sie in das Statistikprogramm eingetragen werden. Nach Aufruf des QS-Moduls erscheint die Qualitätsregelkarte mit den zuletzt erfaßten Daten und ihren aktuellen Kennwerten (Mittel und Standardabweichung). Im oberen Teil der Grafik ist der Verlauf eines Standards mit der oberen und unteren Kontrollgrenze zu sehen. Der Mittelwert von 11.292 aus den aktuellen Werten steht demjenigen von 11.3 aus den Vorlaufmessungen gegenüber. Aus den Daten der Regelkarte errechnet sich eine Standardabweichung von 0.1979, die größer ist als die aus den Vorlaufmessungen (0.1773). Die im unteren Teil der Grafik dargestellte Range-Karte enthält im Beispiel aus Abb. 8.2 die Differenzen zwischen einem aktuellen Wert und seinem Vorläufer. Immer dann, wenn in der Mittelwertkarte ein großer Sprung auftritt, entstehen Peaks in der Range-Karte. Für diese gibt es auch eine obere Kontrollgrenze, die im vorliegenden Fall viermal überschritten wurde.

8.4 Qualitätssicherung mit QS-Software

Kommerzielle Statistiksoftware ist so konzipiert, daß eine Vielzahl verschiedener Auswertungen mit ihnen durchgeführt werden kann. Module für Daten aus der Qualitätssicherung decken daher nur einen Teil der Anforderungen ab, die zum Zweck der QS gestellt werden. Auf dem Markt gibt es spezielle QS-Software, mit der

– Daten erfaßt und modifiziert,
– nach verschiedenen Gesichtspunkten ausgewertet sowie
– grafisch dargestellt werden können.

Die Datenerfassung sollte in Tabellenform möglich sein, mit vertikaler und horizontaler sowie maskenbezogener Eingabe. Zu Meßwerten gehören Datums- und Zeitangaben, teilweise ist es auch erforderlich, Chargennummern oder Bemerkungen mit abzuspeichern. Abhängig von der Art nachfolgender Auswertungen ist es gegebenenfalls nötig, die Urdaten zu normieren, zu transformieren oder in anderer Form zu modifizieren. Dafür werden Tabellenkalkulations- und mathematische Funktionen benötigt.

Werden zum Zweck einer Datenauswertung Transformationen durchgeführt, sollten in der Auswertemaske neben den Rechenwerten die retransformierten Ergebnisse angezeigt werden. Der Benutzer der QS-Software sollte in der Lage sein, Auswertungen auf Vorlaufmessungen zu beziehen oder alternativ alle Meßwerte einschließlich sowie ausschließlich des aktuellen

Wertes in die Berechnung statistischer Kenngrößen (z. B. Mittelwert oder Streuung) mit einzubeziehen.

Neben der Möglichkeit, mehrere QS-Urdaten in Tabellenform anzeigen zu lassen, ist es zur Beurteilung aktueller Meßwerte wertvoll, wenn sie zusammen mit den statistischen Kenngrößen angezeigt werden können. Abb. 8-3 zeigt hierzu ein Beispiel.

```
Meßgröße             :  Nitrat-Stickstoff

Median               :  11,2    mg/l

Mittelwert           :  11,35   mg/l

kleinster Wert       :  10,7    mg/l

größter Wert         :  11,8    mg/l

Standardabweichung   :   0,29   mg/l

untere Kontrollgrenze:  11,97   mg/l

obere Kontrollgrenze :  10,23   mg/l

aktueller Meßwert    :  11,7    mg/l
```

Abb. 8-3. Anzeige eines aktuellen Wertes mit den relevanten statistischen Kenngrößen.

Im Rahmen numerischer Auswertungen von QS-Daten müssen verschiedene Test-Verfahren, wie z. B. t-Test, F-Test oder Chiquadrat-Test, angewendet werden. Die Prüfgrößen solcher Tests sollten mit ihrer Signifikanz (prozentuale Angabe, mit welcher Wahrscheinlichkeit eine Hypothese gilt) und den Tabellenwerten für verschiedene Signifikanzniveaus (z. B. für 5 %, 1 % und 0,1 %) angezeigt werden. In Abb. 8-4 ist ein Beispiel zu einem F-Test dargestellt, bei dem zwei Varianzen auf Gleichheit geprüft werden.

Neben numerischen Auswertungen gehören zu einer QS-Software vor allem grafische Darstellungen der Ergebnisse. Zusätzlich zur Möglichkeit, die Daten in äquidistanter Folge anzuzeigen, muß es auch möglich sein, sie zeitanalog darzustellen, um zu veranschaulichen, welche ggf. verschiedenen Zeiträume zwischen den Datenpunkten liegen. Ein guter Bedienungskomfort von QS-Software zeigt sich u. a. darin, daß ein Benutzer mit dem Cursor Datenpunkte anfahren kann und hierzu aus der Datenbank Informationen wie

- Meßwert,
- Datum des Wertes und
- Chargennummer

in die Grafik einblenden kann.

```
Test                 : F-Test
Null-Hypothese       : Varianz 1 = Varianz 2
Alternativ-Hypothese : Varianz 1 <> Varianz 2


Prüfgröße            : 2,33 (1 %)
Varianz 1: 0,121  Varianz 2 : 0,052
Signifikanzniveau  5  %     Tabellenwert  1,9
                   1  %                   2,33
                   0,1 %                  2,97


Test-Ergebnis : Die Varianzen unterscheiden sich mit
                einer Irrtumswahrscheinlichkeit.von 1 %
```

Abb. 8-4. Ergebnisse eins F-Tests auf Gleichheit zweier Varianzen

Es sind viele verschiedene Darstellungen von Meßwerten vorstellbar, die im Rahmen der Auswertung von QS-Maßnahmen benötigt werden. Neben allen Varianten von Qualitätsregelkarten zählen hierzu

- mehrere überlagerte oder untereinanderliegende Werteverläufe von Merkmalen,
- Markierung und wahlweise Ausblendung von Ausreißern,
- mehrdimensionale Plots für Merkmale, die aus mehreren Komponenten bestehen,
- Häufigkeitssummen im Wahrscheinlichkeitsnetz und
- Häufigkeitsdichten.

8.5 Qualitätssicherung in LIM-Systemen

Die Arbeit analytischer Laboratorien besteht neben den Tätigkeiten zur Untersuchung des Probengutes auch aus administrativen Arbeitsgängen. Hierzu zählen Schreib- und Verwaltungstätigkeiten wie

- Probenregistrierung,
- Anforderungserfassung für die zu messenden Größen,
- Anfertigung von Arbeitslisten,
- Ergebniserfassung,
- Plausibilitätsprüfungen der Ergebnisse,
- Validierung der Ergebnisse,

- Kostenrechnung bei Auftragsanalytik,
- Berichtswesen und
- Labormanagement.

Zur Unterstützung dieser Tätigkeiten lassen sich Computer mit speziellen Programmen nutzen, die man als Labor-Informations- und -Management-Systeme oder kurz als LIMS bezeichnet [8.1]. Es handelt sich um ein Datenbanksystem, das auf die besonderen Bedürfnisse eines Laboratoriums zugeschnitten ist. In ein solches LIMS lassen sich problemlos Module integrieren – sie gehören in käuflichen Produkten meist schon zum Basissystem – die Maßnahmen zur Qualitätssicherung unterstützen.

Ein Qualitätssicherungssystem umfaßt interne und externe Maßnahmen (siehe Kapitel 5). Die laborinternen Maßnahmen dienen dazu, die Richtigkeit und Präzision von Meßwerten zu gewährleisten, durch externe Maßnahmen wird die Vergleichbarkeit von Analysenergebnissen geprüft. LIM-Systeme unterstützen aufgrund ihrer Funktionalität die interne QS.

Es gehört zum Inhalt der Guten Laborpraxis, aber zunehmend auch zur Qualitätssicherung in der Analytik, daß festgehalten wird, wer wann was wie gemessen hat. Weiterhin müssen die Analysenergebnisse vor einer Manipulation geschützt werden und nachvollziehbar sein, was u. a. eine zeitlich begrenzte Archivierung voraussetzt.

LIM-Systeme sind so konzipiert, daß sich die einzelnen Labormitarbeiter vor ihrer Arbeit dem System mittels *Benutzername* und *Passwort* bekanntgeben. Das System prüft die Korrektheit der Eingabe, weist den Benutzer bei einer Fehleingabe ab, oder stellt ihm bei richtiger Anmeldung die Funktionen mit den entsprechenden Berechtigungen zur Verfügung, die ihm vom LIMS-Manager zugewiesen wurden. Durch *Berechtigungsstufen* kann sichergestellt werden, daß Daten nur entsprechend der Laborhierarchie bearbeitet werden. Ein Laborant, der eine Messung durchgeführt hat, ist beispielsweise berechtigt, die erstellten Daten zu erfassen und nach Prüfung vorzuvalidieren. Ist dies geschehen, kann er die Daten nur noch lesen. Sein Vorgesetzter ist mit einer weitergehenden Berechtigung ausgestattet und kann auf die Daten auch schreibend zugreifen. Validiert auch dieser die Daten, verliert er ebenfalls den schreibenden Zugriff. Eine solche Abstufung kann entsprechend der Zahl an hierarchischen Ebenen eines Labors vorgenommen werden. Da nach einer Anmeldung dem LIMS bekannt ist, wer mit ihm kommuniziert, kann es diese Information zu jeder Aktion und jedem eingegebenen Datum mit abspeichern. Damit wird festgehalten, wer beispielsweise Meßwerte eingibt. Es ist allerdings nicht sichergestellt, daß diese Person auch die Messung durchgeführt hat.

In jedem Computer läuft eine interne Uhr und ein interner Kalender. Während Labormitarbeiter mit einem LIMS arbeiten, kann zu jeder Aktion und jedem eingegebenen Wert oder Text auch das aktuelle Datum und die aktuelle Uhrzeit mit abgespeichert werden. Damit wird festgehalten, wann mit Daten gearbeitet wird. Auf diese Weise wird aber nicht festgehalten, wann Werte gemessen wurden, es sei denn, diese Zeit wird mit eingegeben.

Das Was und Wie einer Messung wird durch Meßvorschriften festgelegt und ist in einem LIMS als Information in Stammdaten hinterlegt. Jedes Analysenverfahren hat einen Arbeitsbereich, d. h. eine obere und untere Grenze, außerhalb der Messungen unzulässig sind. Solche Grenzen können in einem LIMS hinterlegt und eingegebene Daten daraufhin überprüft werden, ob sie innerhalb des *Gültigkeitsbereichs* liegen.

Maßnahmen zur Qualitätssicherung sehen u. a. vor, daß Meßgeräte regelmäßig zu kalibrieren sind. In den Modulen zur Datenerfassung lassen sich innerhalb von LIM-Systemen Mechanismen aktivieren, die den Zeitpunkt einer Kalibrierung festhalten und entweder eine bestimmte Anzahl an Folgemessungen oder einen bestimmten Zeitraum zulassen, bis eine Nachkalibrierung vorzunehmen ist. Ohne diese Nachkalibrierung werden weitere Meßwerte nicht angenommen. Solche Mechanismen können in der Laborpraxis aber auch zu Problemen führen.

Wie bereits erwähnt, sollen durch Maßnahmen zur laborinternen QS richtige und präzise Meßwerte gewährleistet werden. Selbst, wenn Werte richtig und präzise gemessen wurden, können bei ihrer Übertragung von einer Aufzeichnungsunterlage in eine andere – und in der Laborpraxis kommen solche Übertragungen in der Regel z. T. mehrfach vor – Fehler auftreten. Mit Hilfe von LIM-Systemen lassen sich *Übertragungsfehler* zwar nicht vollständig vermeiden, aber stark vermindern.

Eine Art von Übertragungsfehlern sind *Zahlenverdreher*. Dabei wird z. B. statt der Zahl 19 die Zahl 91 übertragen oder statt der Zahl 89 die Zahl 98. Wenn Werte von Proben einen typischen Gültigkeitsbereich aufweisen, z. B. zwischen 5 und 25, so könnte man die Zahlendreher 19 und 91 aufgrund der Gültigkeitsgrenzen während der Erfassung in einem LIMS herausfiltern. Bei so ähnlichen Zahlen wie 89 und 98 ist es recht unwahrscheinlich, den Zahlenverdreher durch Gültigkeitsbereiche zu erkennen. Hiefür hat es sich als zweckmäßig erwiesen, wenn *Doppeleingaben* vorgenommen werden. Bei dieser aufwendigen Art der Datenerfassung werden Meßwerte in einem LIMS erfaßt, aber nicht angezeigt. Anschließend erfolgt eine Zweiterfassung von der gleichen oder einer anderen Person. Stimmen die Werte jeweils überein, ist davon auszugehen, daß sie richtig erfaßt wurden.

Eine weitere Art von Übertragungsfehlern betrifft die Zuordnung von Werten zu Kenngrößen. So kann es vorkommen, daß die Kupfer-Konzentrationen aus einer Wertetabelle in die Nickelspalte einer anderen Tabelle (oder Datei) übertragen werden. Auch hier können Gültigkeitsgrenzen und Doppeleingaben hilfreich eingesetzt werden.

In der Laborpraxis kommt es vor, daß bei der Übertragung von Daten oder ihrer Erfassung in EDV-Systemen deren Einheiten verwechselt oder Kommas falsch gesetzt werden. In einer LIMS-Datenbank sollten die Einheiten von Meßwerten bindend vorgegeben sein. Vor einer Dateneingabe wird der Systembenutzer nach der Einheit gefragt, in der er Daten erfassen möchte und damit auf diese Problematik aufmerksam gemacht. Falsch gesetzte Kommas lassen sich ebenfalls durch Gültigkeitsbereiche und Doppeleingaben erkennen.

Im Rahmen analytischer Arbeiten erzeugte Meßwerte sind als Einzelwerte weniger informativ, als im Zusammenhang mit andern Kenngrößen aus der gleichen Probe. Ein Vergleich mit Vorläuferwerten und Gültigkeitsgrenzen ermöglicht nur eine begrenzte *Plausibilitätskontrolle*. Werden weitere Kenngrößen berücksichtigt, lassen sich weitergehende, sogenannte *sachlogische Tests* durchführen. So können beispielsweise im Filtrat einer Probe gemessene Konzentrationen nie größer sein, als die in der Gesamtprobe gemessenen. Für viele Kenngrößen gibt es Plausibilitäten, die bei einer erfolgreichen Überprüfung zur Qualitätsverbesserung von Meßwerten beitragen. Es gibt beispielsweise in wässerigen Lösungen einen Zusammenhang zwischen der Konzentration von Ionen und der elektrischen Leitfähigkeit der Lösung.

Viele Hersteller von LIM-Systemen statten ihre Programme mit grafischen Modulen aus, die es ermöglichen, Qualitätsregelkarten quasi per Knopfdruck anzuzeigen oder auszudrucken. Da es die Aufgabe von LIM-Systemen ist, die Probenbearbeitung zu verfolgen und das Labormanagement zu unterstützen, sind die statistischen und grafischen Auswerte- bzw. Darstellungsmöglichkeiten auf die gebräuchlichsten Fälle beschränkt. Will man über den angebotenen Umfang hinausgehen, müssen erweiterte Module programmiert werden, was im Einzelfall recht teuer werden kann, oder es ist erforderlich, die im LIMS befindlichen Daten zur QS in ein entsprechendes Programmpaket zu transferieren. Hier gibt es wiederum die Möglichkeit, die Daten mittels einer Austauschdatei in die QS-Software zu übertragen, oder über eine Schnittstelle direkt auf die Datenbank des LIM-Systems zuzugreifen. Im letzteren Fall hat man die Sicherheit, daß die QS-Daten, die durch das LIMS vor unberechtigter Manipulation geschützt sind, in der vorliegenden Form ausgewertet werden. Auf der anderen Seite ist davon auszugehen, daß die Person, die eine aufwendigere Auswertung vorzunehmen hat, zum autorisierten Personenkreis innerhalb des Labors gehört und die Daten ggf. bewußt verändert, weil es die Auswertung erfordert. Die preiswerteste Variante ist eine PC-gestützte QS-Software, in die die Daten aus dem LIMS übertragen und ausgewertet werden.

Ein wichtiger Aspekt im Rahmen der laborinternen QS ist die *Archivierung* der Daten. Gerade das ist eine Leistung, die mit Hilfe der EDV, insbesondere durch den Einsatz von LIM-Systemen, rationell und auf einfache Art zu bewerkstelligen ist. LIM-Systeme verfügen über Programme zur Auslagerung alter Datenbestände. In der Regel kann ein autorisierter Benutzer Kriterien vorgeben, anhand derer Daten selektiv archiviert und ggf. gelöscht werden. Als Datenträger lassen sich Magnetbänder, Magnetplatten und seit einiger Zeit auch magneto-optische Platten verwenden. Letztere zeichnen sich durch eine hohe Datenbeständigkeit aus.

In LIM-Systemen sind neben den Meßwerten vor allem Stammdaten hinterlegt. Hierzu zählen beispielsweise

- die im Labor angewandten Analysenverfahren,
- die Meßprogramme,
- Informationen zu Meßstellen und ggf.
- Daten über Grenz- und Normalwerte, Mitarbeiter oder Laborinventar.

Dies alles sind im Rahmen der Qualitätssicherung wichtige Informationen, die vergangene und aktuelle Gegebenheiten in einem Labor dokumentieren. Es ist überhaupt eine wesentliche Funktion der QS, gesicherte Stamm- und Meßdaten zu dokumentiern. Eine Vielzahl von Stammdaten müssen – wie in Kapitel 6 dargelegt – im Qualitätsicherungshandbuch hinterlegt werden.

8.6 Qualitätssicherung in Meßgerätesoftware

Die Arbeit in analytischen Laboratorien wird heute mit Analysengeräten durchgeführt, die nicht nur durch Probenwechsler oder Robotertechnik einen hohen Automatisierungsgrad aufweisen, sondern von Rechnern gesteuert werden. Diese Rechner – in der Regel handelt es sich um Personal-Computer – kontrollieren und steuern den Meßvorgang. Sie erfassen weiterhin anfallende Rohdaten und werten sie aus. Hierzu stattet (in der Regel) der Gerätehersteller den Computer mit einer entsprechenden Software aus.

In der Meßgerätesoftware werden zunehmend Aspekte der Qualitätssicherung berücksichtigt. Hierzu gehören

- Unterstützung der Gerätekalibrierung,
- Linearitätstests von Kalibriergeraden,
- Richtigkeits- und
- Vergleichbarkeitsprüfung.

In fotometrischen oder spektrometrischen Analysenverfahren kann die Güte der Kalibrierung, z. B. gemessen am Korrelationskoeffizienten, von der Wellenlänge abhängen. Die Wellenlänge mit der größten Intensität muß diesbezüglich nicht die beste sein. In matrixbehafteten Proben können Störungen auftreten, die ebenfalls eine Wellenlängenabhängigkeit zeigen. Ebenso kann auch die Reproduzierbarkeit von der Wellenlänge abhängen. In einem solchen Fall ist es möglich, durch Optimierungsrechnung die Beste der sich anbietenden Varianten auszuwählen.

Zu jedem kalibrierbedürftigen Analysenverfahren gehören *Qualitätskontrollparameter* für Standards, Blindwerte, Differenzen von Doppelbestimmungen, Kalibrierfaktoren und andere mehr. Bei der simultanen Bestimmung mehrerer Substanzen ist das pro Substanz ein Satz an Parametern. Bei jeder Routinemessung können die aktuellen Parameter mit denen der Vorlaufmessungen verglichen und so Störungen oder Drifts erkannt werden. Dies ist besonders dann wertvoll, wenn die Messungen unkontrolliert z. B. außerhalb der Dienstzeit des Personals vorgenommen werden. Da eine reine Kontrolle der Parameter nichts anderes ist, als eine software-interne Qualitätsregelkarte, muß das Meßgerät so gesteuert werden, daß es auf unzulässige Abweichungen von Vorgaben reagiert und die nachfolgenden Messungen gültige Werte liefert.

Einige Analysengeräte, die automatisiert, d. h. ohne Beaufsichtigung durch Laborpersonal, mehrere Proben nacheinander messen (z. B. in der Analyse des gesamten organisch gebundenen Kohlenstoffs in Wasserproben), müssen aus einer Probe mehrfach einen Teil entnehmen und den gewünschten Inhaltsstoff bestimmen. Da die einzelnen Meßwerte nicht unerheblich voneinander abweichen können, ist ein Mittelwert aus mehreren Bestimmungen wesentlich zuverlässiger, als ein einzelner Meßwert. Um die Qualität eines Analysenergebnisses, das als Mittel aus mehreren Einzelwerten berechnet wird, zu steigern, ist es zweckmäßig, in die Auswertesoftware einen Ausreißertest zu integrieren.

Wird beispielsweise aus einer Probe fünfmal eine Teilmenge entnommen und analysiert, erhält man fünf Einzelwerte und kann aus diesen einen Mittelwert sowie die Standardabweichung bestimmen. Die Software sollte die errechnete Streuung (Standardabweichung) mit einem vorgegebenen maximalen Streuwert verglichen werden und bei dessen Überschreitung alle Messungen noch einmal wiederholen. Wird die maximale Streuung unterschritten, muß durch das Auswerteprogramm der größte und kleinste Einzelwert daraufhin geprüft werden, ob er gemäß einem Ausreißertest (z. B. dem nach GRUBBS [8.2]) innerhalb zulässiger Grenzen liegt. Ist das nicht der Fall, ist es erforderlich, den Ausreißer zu verwerfen und eine sechste Messung durchzuführen. Nachdem der sechste Meßwert vorliegt, ist die gleiche Abfolge der Prüfungen erneut zu durchlaufen, bis ein ausreißerfreier Mittelwert vorliegt.

8.7 Literatur

[8.1] Neitzel, V.: *Labordaten-Verarbeitung mit Labor-Informations- und -Management-Systemen*. Weinheim: VCH 1992

[8.2] Grubbs, F. E. und Beck, G.: Extension of Sample Size and Percentage Points for Significanca Tests of Outlying Observations. In: *Technometrics* **14**, 847 - 854 (1972)

9 Auswertungen von Maßnahmen zur Qualitätssicherung

9.1 Vorbemerkungen

Wie schon in Abschnitt 1.4 besprochen, umfaßt der Regelkreis eines Qualitätssicherungs-Systems die

- – Qualitätsplanung,
- – Qualitätsprüfung,
- – Qualitätslenkung und das
- – Qualitätsmanagement.

Für ein Labor ist im Einzelfall zu prüfen, wieviele und welche Maßnahmen zur Qualitätssicherung durchzuführen sind. Obwohl nur alle Maßnahmen zusammen den größtmögliche Informationsgewinn und die größtmögliche Sicherheit geben, sollten aus rein wirtschaftlichen Erwägungen nur diejenigen ausgewählt werden, die bei vertretbarem Aufwand rechtzeitig und ausreichend sensitiv „außergewöhnliche Situationen" anzeigen. Ein Meßverfahren, das sich in Kontrolle befindet, weist Blindwerte, Empfindlichkeiten, Wiederfindungen aufgestockter Gehalte und Streuungen in für dieses Verfahren üblichen Grenzen auf, wobei die jeweiligen Werte zufallsbedingt schwanken. Durch Auswertung der Ergebnisse von QS-Maßnahmen kann man Verletzungen der üblichen Grenzen („außergewöhnliche Situationen") feststellen.

Da Qualitätsplanung, -auswertung und -lenkung eng miteinander verknüpft sind, ist es wichtig, alle Modalitäten aufeinander abzustimmen. Gegenstand dieses Kapitels sind Auswertemöglichkeiten und Probleme, die bei der Auswertung eingeleiteter Maßnahmen aufreten. Nachfolgend werden Überprüfungen

- – von Blindwerten,
- – von Standards,
- – der Wiederfindung aufgestockter Substanzen in Proben,
- – von Streuungen,
- – der Linearität von Analysenfunktionen,
- – der Verfahrenskenndaten und
- – der Auswertung der Ergebnisse von Ringversuchen

diskutiert. Dabei ist zwischen der zeitnahen Beurteilung aktueller Meßwerte und einer nachträglichen Auswertung längerer Zeitreihen von Untersuchungsergebnissen zu unterscheiden. Sobald Meßwerte, die im Rahmen von QS-Maßnahmen bestimmt wurden, vorliegen, ist es wichtig, sie sofort zu beurteilen und im Fall eines außergewöhnlichen Ergebnisses die ganze

Meßreihe zu verwerfen. Längere Meßreihen auszuwerten ist als eine ergänzende Maßnahme anzusehen, die es zwar nicht ermöglicht, vergangener Meßwerte zu korrigieren, dafür aber Einsichten in den Meßwerteverlauf erlaubt. Im gegebenen Fall sind zukünftige QS-Maßnahmen zu modifizieren.

9.2 Zeitnahe Prüfungen

Direkt nach einer Messung, die im Rahmen von QS-Maßnahmen erfolgte, hat der zuständige Labormitarbeiter die Ergebnisse aufzuzeichnen, vorzubewerten und – je nach laborinternen Regelungen – bei gravierenden Abweichungen von vorgegebenen Grenzen den QS-Beauftragten zu benachrichtigen oder selbst weitere Maßnahmen einzuleiten. Es empfiehlt sich, im QS-System eines Labors Kriterien vorzusehen, anhand derer entschieden werden kann, ob sich Meßwerte im „üblichen Rahmen" bewegen. Sofern „ungewöhnliche Meßwerte" festgestellt werden, ist für häufig vorkommende Situationen festzulegen, was in solchen Fällen zu tun ist. Dadurch wird der QS-Beauftragte entlastet.

Jeder Meßvorgang wird durch die verwendeten Geräte, Chemikalien, Umgebungsbedingungen (z. B. die Laborluft, Raumtemperatur) und die durchzuführenden Handgriffe (auch Ablesevorgänge) beeinflußt. Bis auf wenige Ausnahmen sind Meßgeräte, ja sogar Meßverfahren kalibrierbedürftig. Bei der Erstellung eines Analysenverfahrens wird anhand mehrerer Einzel- und Mehrfachmessungen

- der Arbeitsbereich,
- die Analysenfunktion (ggf. die Linearität),
- die Empfindlichkeit,
- die Verfahrensstandardabweichung,
- die Nachweis- und Bestimmungsgrenze

bestimmt [9.1]. All diese Größen sowie die Funktion der Meßgeräte müssen regelmäßig überprüft werden. Für die experimentell bestimmten Größen des Analysenverfahrens lassen sich *Schwankungsbereiche* bestimmen, innerhalb derer sich Folgemessungen bewegen dürfen. Die Hersteller von Meßgeräten geben meist an, welcher Fehler bei einwandfreier Funktion des Gerätes typisch ist. Ergibt die routinemäßige Überprüfung, daß die *Verfahrenskenngrößen* außerhalb des jeweiligen Schwankungsbereiches liegen, ist in der Regel der gesamte Meßvorgang mit allen Vorbereitungs- und Meßschritten zu wiederholen, um die zuvor gefundene Abweichung zu bestätigen. Wird die Abweichung bestätigt, muß deren Ursache untersucht werden. Sofern alle Handgriffe korrekt ausgeführt wurden und eine Verunreinigung der verwendeten Chemikalien ausgeschlossen werden kann, kommt meist nur eine (oft verschleißbedingte) Leistungsveränderung der Meßgeräte in Frage (z. B. bei chromatografischen Trennsäulen, Detektoren oder Lampen optischer Systeme). Nachfolgend ist in Abb. 9-1 ein Beispiel für die Überprüfung einer Eppendorf-Pipette gegeben, für die der Hersteller einen tolerierbaren Fehler von 1 % angibt.

Kontrolle am: 11.11.93	kontrolliert von: Hr. XYZ
Hersteller: Eppendorf	Typ: 4700
Nummer 1234567	Volumen: 1,000 ml

1	0,9988 g
2	0,9996 g
3	1,0011 g
4	0,9993 g
5	0,9992 g
6	1,0003 g
7	1,0008 g
8	0,9987 g
9	0,9957 g
10	0,9994 g
Mittel	0,9993 g

Wassertemperatur: 20 ° C	Wasserdichte: 0,9982 g/ml
Volumen: 1,0011 ml	% Abweichung: + 0,1 %

Abb. 9-1. Überprüfung einer 1 ml Eppendorf-Pipette.

Bei dem oben aufgeführten Beispiel handelt es sich um das Protokoll einer monatlich durchgeführten Kontrolle einer Eppendorf-Pipette. Dazu wurde zehnmal das Gewicht von Wasser bei 20 ° C bestimmt, das dem Fassungsinhalt der Pipette entspricht. Über die Dichte des Wassers kann das mittlere Volumen aus den zehn Messungen berechnet werden, das im obigen Beispiel um 0,1 % über dem Sollwert liegt. Bei einer Abweichung von mehr als 1 % ist der überprüfende Mitarbeiter angehalten, die Pipette reparieren zu lassen oder auszutauschen.

Die oben beschriebene Methode der zeitnahen Auswertung von Geräteüberprüfungen ist auf nahezu jedes Meßgerät oder gar Meßgeräteteil (z. B. Detektor) in modifizierter Form anwendbar. Neben der Funktionsprüfung von Geräten zur Vorbereitung und Durchführung analytischer Arbeiten ist es erforderlich, die Analytik als ganzheitliches System zu überprüfen. Als gängigste Maßnahmen hiezu werden Qualitätsregelkarten geführt.

Hinter einer Qualitätsregelkarte steckt die Idee, zunächst durch Vorlaufmessungen den „typischen Bereich", in dem sich eine (in der Regel konstante) Meßgröße bewegt, festzustellen. In der Folgezeit werden die entsprechenden Größen unter Routinebedingungen gemessen und anhand statistischer Kriterien geprüft, ob sich die ermittelten Werte signifikant von den Vorlaufmessungen unterscheiden.

Wie in Abb. 9-2 dargestellt, wird angenommen, daß die Meßgröße sowohl in der Vorlaufphase als auch in der Folgezeit normalverteilt ist. Der arithmetische Mittelwert der Vorlauf-
messungen, deren Umfang aus Gründen des Aufwandes bei etwa 30 Werten liegt, ist der
häufigste Wert. Innerhalb eines Streubereiches von +/- zwei Standardabweichungen (s) – dem
Warnbereich – liegen rund 95,5 % der Meßwerte. Über- oder Unterschreitungen dieses
Bereichs sind, wenn sie einmalig erfolgen, statthaft, sollen den Labormitarbeiter aber warnen.
Ein weiter außerhalb liegender Streubereich von +/- drei Standardabweichungen wird als
Kontrollbereich bezeichnet. Innerhalb seiner Grenzen befinden sich rund 99,7 % aller Meß-
werte, d. h. daß von 1000 Meßwerten nur drei außerhalb liegen dürfen. Bei einem üblichen
Umfang von maximal 50 Werten pro Regelkarte erscheint eine Über- oder Unterschreitung des
Kontrollbereichs durchaus als möglich, sie wird aber als Grund dafür angesehen, daß
umgehend die Ursache dafür zu suchen ist. Als Kriterien für „Außer-Kontroll-Situationen"
gelten allgemein [9.1]

- Über- oder Unterscheitungen der Kontrollgrenzen,
- sieben aufeinanderfolgende Werte oberhalb oder unterhalb der Zentrallinie (Mittelwert),
- sieben aufeinanderfolgende, monoton ansteigende oder abfallende Werte,
- zwei von drei aufeinanderfolgenden Werten außerhalb der Kontrollgrenzen und
- zehn von elf aufeinanderfolgenden Werten auf einer Seite der Zentrallinie.

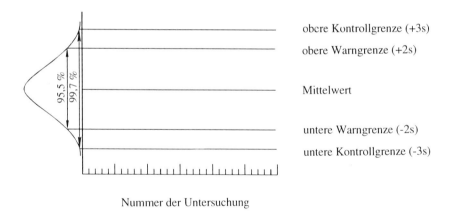

Abb. 9-2. Prinzip einer Qualitätsregelkarte.

In Abb. 9-3 ist ein Fall aus der Laborpraxis [9.2] für die Messung eines Standards dargestellt. Aus 50 Vorlaufmessungen für Nitrat-Stickstoff wurde ein Mittelwert (MIT) von 11,3
mit einer Standardabweichung von 0,31 bestimmt. Die obere und untere Warngrenze (OWG
und UWG) ist jeweils als kurz gestrichelte, die obere und untere Kontrollgrenze (OKG und
UKG) jeweils als lang gestrichelte Linie eingezeichnet. Diese Grenzen gelten für die folgenden

Routinemessungen. In der dargestellten Folgezeit, die ebenfalls 50 Messungen umfaßt, trat eine Unterschreitung des unteren Kontrollbereichs auf. Die durchgeführten Messungen wurden mit den gleichen Lösungen und Geräteeinstellungen wiederholt und ergaben für den überprüften Standard wieder einen „normalen" Wert. Weitere Besonderheiten traten während der Routinemessungen nicht auf. Nach Abschluß der Qualitätsregelkarte muß eine neue erstellt werden. Hierfür gibt es drei verschiedene Varianten, für die aber keine verbindlichen Vorschriften existieren.

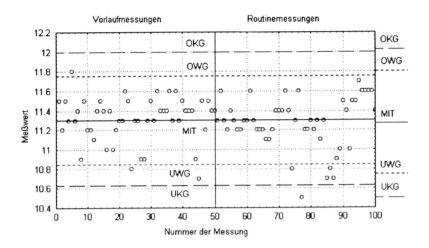

Abb. 9-3. Qualitätsregelkarte für einen Nitrat-Stickstoff-Standard mit Vorlaufmessungen.

Die erste Möglichkeit, eine neue Qualitätsregelkarte aufzubauen, besteht darin, die Warn- und Kontrollgrenzen der Vorlaufmessungen unverändert zu übernehmen und die Ergebnisse der vorhergehenden Regelkarte unberücksichtigt zu lassen. Dies setzt voraus, daß sich die Randbedingungen der Vorlaufmessungen entlang der Zeit nicht verändert haben. Mit Hilfe statistischer Tests läßt sich die Konstanz der Varianz und des Mittelwertes prüfen [9.3]. Die Varianzenhomogenität (kein signifikanter Unterschied zwischen zwei Varianzen) wird mittels des *F-Tests* überprüft. Dazu dividiert man die größere der beiden Varianzen (s^2) durch die kleinere und erhält einen Wert größer als eins. Dieser Wert wird mit dem Tabellenwert der F-Verteilung für die *Freiheitsgrade* beider Varianzen (jeweils Anzahl zugrunde gelegter Werte minus eins) und das Signifikanzniveau (z. B. 95 %) verglichen. Ist er kleiner als der Tabellenwert, unterscheiden sich die Varianzen nicht signifikant voneinander. Im Beispiel aus Abb. 9-3 beträgt die Varianz der Vorlaufmessungen 0,0484, die aus den Routinemessungen 0,0676. Daraus errechnet sich ein Test-Wert von rund 1,4. Dieser ist kleiner als der Tabellenwert der F-Verteilung (1,6) für ein Signifikanzniveau von 95 % und 49 Freiheitsgrade für beide Varianzen.

Mit Hilfe des *t-Tests* läßt sich im Anschluß an den F-Test prüfen, ob sich der Mittelwert aus den Routinemessungen signifikant von demjenigen aus den Vorlaufmessungen unterscheidet. Das Ergebnis des F-Tests wird benötigt, um die für den t-Test relevante Formel anwenden zu können. Für inhomogene Varianzen gelten andere Voraussetzungen als für homogene. Nähere Informationen zu diesen statistischen Tests finden sich in einschlägiger Literatur [9.3 bis 9.5]. Im praktischen Beispiel aus Abb. 9-3 betragen die Mittelwerte 11,3 (Vorlaufmessungen) und 11,27 (Folgemessungen). Sie unterscheiden sich nicht signifikant voneinander. In der Praxis muß nach jedem Abschluß einer Qualtätsregelkarte geprüft werden, ob sich die Eckdaten der Vorlaufmessungen zwischenzeitlich geändert haben und wenn ja, warum. Anschließend ist zu entscheiden, welche Eckdaten für die neue Regelkarte gelten sollen.

Die zweite Möglichkeit, eine neue Qualitätsregelkarte aufzubauen, besteht darin, aus den Daten der Vorläuferkarte den Mittelwert und die Warn- sowie Kontrollgrenzen zu berechnen und diese als Grundlage für die Folgemessungen zu nehmen. Damit wird erreicht, daß die Routinemessungen zeitnah den Messungen folgen, aus denen die Eckdaten berechnet wurden. Sofern die letzte fertiggestellte Qualitätsregelkarte Ausreißer – gemessen an den Eckdaten ihrer Vorlaufkarte – enthielt, stellt sich die Frage, ob diese Ausreißer mit zu berücksichtigen sind. Werden sie eliminiert, kann sich im Laufe der Zeit die Streuung der Werte rechnerisch verringern und in der Folgezeit können unrealistisch viele Ausreißer auftreten. Bei den aufgezeigten Varianten, eine neue Qualitätsregelkarte zu erstellen, ist die Anzahl der Werte, aus denen die Eckdaten einer Qualitätsregelkarte berechnet werden, vergleichbar mit dem Umfang der neuen Karte.

Die dritte Möglichkeit zum Aufbau einer neuen Qualitätsrelkarte besteht darin, daß man mit den Vorlaufmessungen beginnt, und nachdem eine Folgekarte fertiggestellt ist, deren Werte an die Vorlaufmessungen anhängt. Dadurch vergrößert sich im Laufe der Zeit der Umfang der Daten, aus denen der Mittelwert und die Warn- sowie Kontrollgrenzen berechnet werden. Die Methode der schrittweisen Vergrößerung von Vorlaufmessungen läßt sich soweit zuspitzen, daß der aktuelle Meßwert einer Qualitätsregelkarte, nachdem er als gültig eingestuft wurde, vor der ihm folgenden Messung der Gesamtheit der Vorlaufmessungen zugeschlagen wird. Bei dieser Vorgehensweise gleiten sowohl der Mittelwert als auch die Warn- und Kontrollgrenzen über die Zeit.

Liegen sieben aufeinanderfolgende Meßwerte oberhalb des Mittelwertes der Vorlaufmessungen oder steigen sie monoton an, so zeichnet sich eine Mittelwertverschiebung, d. h. ein ansteigender Trend ab. Es können aber auch Trends in verdeckter Form auftreten. Diese lassen sich, nachdem die Qualitätsregelkarte ausgefüllt ist, z. B. mit Hilfe der linearen Regression erkennen. Steigt oder fällt die Regressionsgerade signifikant, so liegt ein Trend vor.

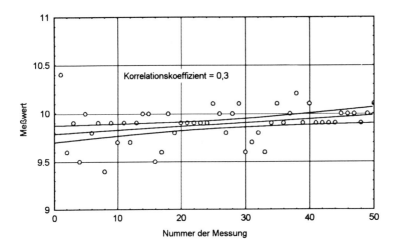

Abb. 9-4. Trenduntersuchung einer Qualitätsregelkarte für AOX mittels linearer Regression.

In Abb. 9-4 ist der Fall einer Qualitätsregelkarte für einen Standard der Betimmung adsorbierbarer organisch gebundener Halogene (AOX) dargestellt, bei dem keine „Außer-Kontroll-Situation" auftrat, im Nachhinein jedoch ein geringfügig ansteigender, aber signifikanter Trend festgestellt werden konnte. Zum Zeitpunkt dieser Erkenntnis ist es – ähnlich wie bei der oben angesprochenen Prüfung der Varianzenhomogenität und dem t-Test für Mittelwerte – nicht mehr möglich, lenkend einzugreifen.

Eine Methode, Trends zeitnah zu erkennen, ist eine *Regressionsanalyse* nach jedem neuen Meßwert für die Qualitätsregelkarte. Man kann damit allerdings erst nach dem dritten Meßwert einer neuen Karte beginnen und hat das Problem, daß leichte Trends bei wenigen Werten eher signifikant sind, als bei vielen Werten. Eine solche Vorgehensweise läßt sich aber nur sinnvoll realisieren, wenn die Qualitätsregelkarten rechnergestützt geführt werden.

Neben der Regressionsanalyse gibt es weitere *Trendtests* [9.1 bis 9.4] die für die Praxis z. T. besser geeignet sind. Aber auch hier ist der rechnerische Aufwand erheblich und läßt sich im praktischen Betrieb nur rechnergestützt vertretbar realisieren.

Die bisherigen Betrachtungen beziehen sich gleichermaßen auf Mittelwert-, Wiederfindungs- und Differenzenkontrollkarten. In allen drei Fällen werden Werte (Meßwerte eines Standards, prozentuale Wiederfindung bekannter Substanzen in aufgestockten Proben bzw. Differenzen zwischen jeweils zwei Standards einer Meßreihe), die beidseitig und zufällig streuen, mit statistischen Methoden untersucht, die für normalverteilte Daten gelten. In der Praxis trifft das Kriterium der Normalverteilung für diese Art von Meßwerten meist zu.

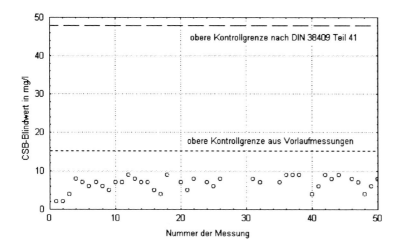

Abb. 9-5. Blindwert-Kontrollkarte für die Bestimmung des CSB.

Blindwerte, also Proben, die die zu bestimmende Substanz nicht enthalten, liefern bei vielen Untersuchungsmethoden Werte, die nur geringfügig über dem Nullwert liegen. Berechnet man aus Vorlaufmessungen die Warn- und Kontrollgrenzen, so kann es vorkommen, daß die untere Warn- und Kontrollgrenze im negativen Wertebereich liegt. Für Konzentrationen ist dies nicht sinnvoll, da reale Meßwerte Null nie unterschreiten. Daher verwendet man in diesen Qualitätsregelkarten für Blindwerte nur eine obere Warn- und Kontrollgrenze.

Für einige genormte Analysenverfahren, so z. B. für den Chemischen Sauerstoffbedarf (CSB) von Wässern nach DIN 38409 Teil 41 [9.10], gibt es Kontrollgrenzen (für den Standard und Blindwert), die in der DIN explizit angegeben sind. Die im Laboratorium in der Routine bestimmten Kontrollgrenzen liegen in der Regel näher am Zentralwert. Die Qualitätskontrolle ist gemessen an den Grenzen aus Vorlaufmessungen schärfer als nach der DIN. In Abb. 9-5 ist ein praktischer Fall für den Blindwert des Chemischen Sauerstoffbedarfs dargestellt. Hier wird die obere Kontrollgrenze der DIN-Vorschrift sehr deutlich, aber in allen Fällen auch die obere Kontrollgrenze, die aus den Vorlaufmessungen berechnet wurde, eingehalten.

Abb. 9-6 zeigt die Qualitätsregelkarte für den Standard des Chemischen Sauerstoffbedarfs. Der mit einem Pfeil gekennzeichnete Wert (Nr. 10) überschreitet die aus Vorlaufmessungen ermittelte obere Kontrollgrenze, bleibt aber unterhalb derjenigen, die die DIN vorgibt. Liegt hier ein Ausreißer vor oder nicht, oder anders ausgedrückt, welche Grenzen sind maßgeblich, um die gemessenen Standards zu beurteilen? Nach Meinung der Autoren sollten im Interesse einer guten Ergebnisqualität die jeweils schärferen Grenzwerte gelten.

156

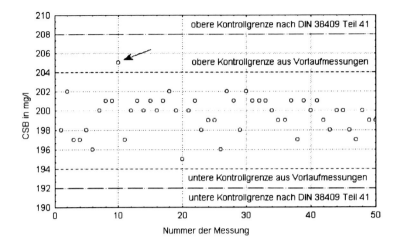

Abb. 9-6. Qualitätsregelkarte für den Standard der CSB-Besimmung.

Ausreißer zeigen – wie oben bereits erwähnt – dem Analytiker an, daß das betrachtete Meßverfahren außer Kontrolle ist. Bevor weitere Messungen durchgeführt werden, deren Ergebnisse gewertet werden sollen, ist die Ursache der Ausreißer zu ermitteln und zu beseitigen. Abb. 9-7 zeigt die Qualitätsregelkarte für einen Standard der Bestimmung von Nitrat-Stickstoff, in der zwei verschiedene Typen von Ausreißern vorkommen. Von Wert 7 ab liegt bis Wert 13 (mit einem Pfeil gekennzeichnet) jeder gemessene Standard unter dem Mittelwert. Als Reaktion auf diese „Außer-Kontroll-Situation" wurden neue Stamm- und Reagenzienlösungen angesetzt sowie alle verwendeten Meßgeräte gewartet und kalibriert. Der nächste Standard lag zwar recht nahe am Mittelwert der Vorlaufmessungen, es waren aber weitere fünf Messungen unterhalb des Mittels. Obwohl in der Folgezeit bewußt keine weiteren Maßnahmen durchgeführt wurden, „normalisierte" sich das Verfahren wieder.

Der Wert Nr. 49 der gleichen Qualitätsregelkarte ist ein Ausreißer des wohl am häufigsten auftretenden Typs. Es handelt sich um eine Verletzung des Kontrollbereichs. In den meisten Fällen reicht es nach eigenen Erfahrungen aus, ohne weitere Maßnahmen einen neuen Ansatz zu vermessen. Dessen Wert liegt in der Regel wieder innerhalb der Kontrollgrenzen. Die Statistik läßt von 1000 Messungen 3 Ausreißer des eben erwähnten Typs zu. Wenn eine Qualitätsregelkarte 50 Werte umfaßt, ist nicht auszuschließen, daß ein solcher Ausreißer „legitim" in ihr vorkommt. Nur eine Qualitätsregelkarte zu betrachten, reicht aber nicht aus, um dieses zu entscheiden.

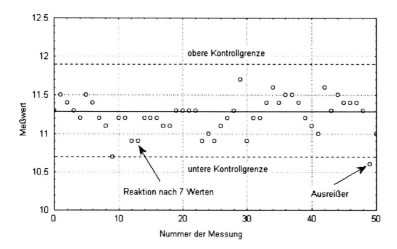

Abb. 9-7. Qualitätsregelkarte für einen Standard des Nitrat-Stickstoffs mit verschiedenen Ausreißern.

9.3 Langzeitauswertungen

Wie bereits erwähnt, ist die primäre Aufgabe einer Qualitätsregelkarte, dem Analytiker die Qualität seiner Messungen anzuzeigen, während sie geführt wird. Darüber hinaus können weitere Erkenntnisse gewonnen werden, wenn längere Zeiträume betrachtet und die Meßwerte dieser Zeiträume ausgewertet werden. Solche Langzeitauswertungen sind Gegenstand des Abschnitts 9.3.

In Abb. 9-8 sind zusammenhängend sieben Qualitätsregelkarten des Blindwertes für AOX dargestellt, und zwar vom Beginn der Einführung dieser Regelkarten ins Labor. Während einzelne, etwa 30 Werte umfassende Qualitätsregelkarten z. T. abnehmende, in einigen Fällen auch ansteigende Trends aufwiesen, ist über die dargestellten 200 Werte ein eindeutig abnehmender Trend zu erkennen. Weiterhin nimmt auch die Streuung über die Zeit geringfügig, aber signifikant ab. Hier zeigt sich, daß durch die gewonnene Routine und die direkt zurückgeführten Informationen der betroffene Labormitarbeiter in der Lage ist, Fehlerquellen zu beseitigen und die Handgriffe sowie Verfahrensschritte zu optimieren. Eine besonders ehrgeizige Arbeitsweise zur Dokumentation möglichst präziser Werte kann im Einzelfall dazu führen, daß in einer Regelkarte nicht praxisgerechte, sehr niedrige Blindwerte mit einer geringen Streuung erzielt werden, die dann, wenn die Ergebnisse dieser Qualitätsregelkarte zum Aufbau der Folgekarte verwendet werden, in der Folgezeit zu ungewöhnlich vielen Ausreißern führen.

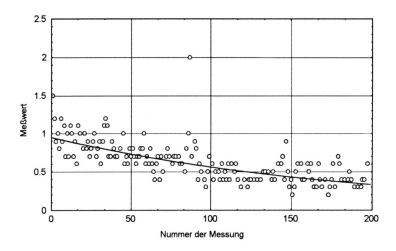

Abb. 9-8. Qualitätsregelkarte der ersten 200 Messungen für einen AOX-Blindwert.

Wie bereits in Abschnitt 9.2 erwähnt, ist es aus statistischen Erwägungen zulässig, daß von 1000 Meßwerten für eine Qualitätsregelkarte drei außerhalb der Kontrollgrenzen liegen. Dies ist als „normaler" Zustand zu werten. In der Praxis kommt es vor, daß in der Laborroutine die Streuung von Werten zunimmt. Abb. 9-9 zeigt hierzu ein konkretes Beispiel. Der vermessene Standard von Nitrat-Stickstoff ist über die betrachteten 350 Meßwerte trendfrei. Statt des zulässigen einen Ausreißers treten im dargestellten Fall 6 Überschreitungen der Kontrollgrenzen aus Vorlaufmessungen auf. Während einzelne Abschnitte der dargestellten Regelkarte gut in die Kontrollgrenzen passen, treten Bereiche auf, die ausgesprochen stark streuen (z. B. zwischen Wert 100 und 150). Erstaunlicherweise steigt und verringert sich die Streuung ohne erkennbaren Grund und ohne daß irgendwelche Maßnahmen ergriffen wurden. Während der Zeit, in der die 350 Meßwerte gemessen wurden, mußte mehrfach eine neue Stammlösung angesetzt werden. Dies hatte aber keinen Einfluß auf den Verlauf der Regelkarte. An keiner Übergangsstelle trat ein Sprung in der Ganglinie der Werte auf.

Aus dem gezeigten Beispiel geht hervor, daß die Vorlaufphase Randbedingungen liefert, die in der Folgezeit angepaßt werden müssen. Dabei ergibt sich in vielen Fällen das Problem, daß aus einer Karte mit geringer Streuung eine Folgekarte mit engen Kontrollgrenze entsteht, wodurch die Gefahr ungewöhnlich vieler Ausreißer wächst. Der umgekehrte Fall stellt sich für die Laborpraxis weniger dramatisch dar, ist aber ebenso problematisch.

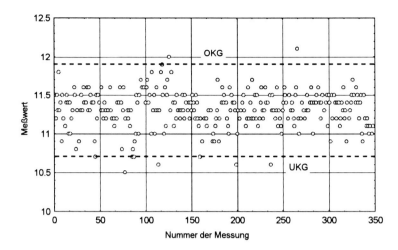

Abb. 9-9. Qualitätsregelkarte über 350 Meßwerte für einen Standard des Nitrat-Stickstoffs.

In Abschnitt 9.2 wurde bereits erwähnt, daß Blindwerte in vielen Fällen unsymmetrisch streuen. Abb. 9-10 vermittelt davon einen Eindruck. Es wurden keine Werte unter Null gemessen, wodurch eine natürliche untere Grenze entsteht. Zu höheren Werten hin ist die Punktwolke zunächst dicht, dünnt sich aber zunehmend aus.

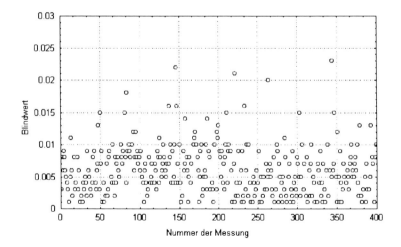

Abb. 9-10. Qualitätsregelkarte für die ersten 400 Messungen eines Blindwertes für Nitrat-Stickstoff.

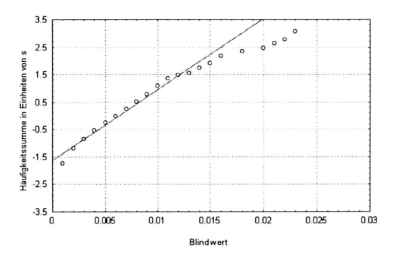

Abb. 9-11. Häufigkeitssumme der Blindwerte aus Abb. 9-9.

Die Unsymmetrie der Blindwerteverteilung geht sehr anschaulich aus Abb. 9-11 hervor. Hier ist die Häufigkeitssumme, gemessen in Einheiten der Standardabweichung (s), über der Höhe des Blindwertes dargestellt. Zwischen +/- 1,5 Standardabweichungen verläuft die Häufigkeitssumme relativ linear, d. h. normalverteilt. Oberhalb von etwa 1,5 Standardabweichungen knickt die Funktion zu höheren Werten hin ab, was bedeutet, daß die Streuung zunimmt.

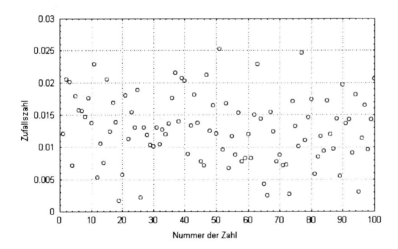

Abb. 9-12. Verlauf von Zufallszahlen mit gleicher Standardabweichung wie für die Blindwerte aus Abb. 9-10.

Als Gegenbeispiel ist in Abb. 9-12 der Verlauf von 100 normalverteilten Zufallszahlen dargestellt, die die gleiche Streuung aufweisen, wie die Blindwerte des Beispiels aus Abb. 9-10. Die Zufallszahlen füllen den dargestellte Wertebereich symmetrisch aus.

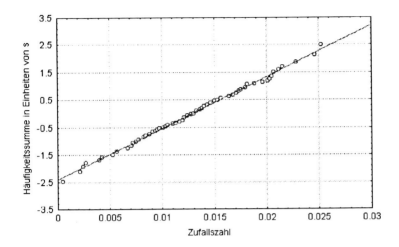

Abb. 9-13 Häufigkeitssumme der Zufallszahlen aus Abb. 9-12.

Die Symmetrie der Verteilung ist noch deutlicher in Abb. 9-13 zu erkennen, in der die Zufallszahlen als Häufigkeitssumme im Wahrscheinlichkeitsnetz, skaliert in Einheiten der Standardabweichung, dargestellt sind. Die Häufigkeitssumme verläuft praktisch linear. Unsymmetrisch verteilte Blindwerte stellen insofern ein besonderes Problem dar, da aus allen Werten deren Mittelwert und Standardabweichung – und somit auch die Warn- und Kontrollgrenze – berechnet wird. Da sich die Verteilung nach Null hin verdichtet und Null nicht unterschreitet, fällt die berechnete (mittlere) Streuung zu gering aus. Sie ist größer als die für Werte unterhalb des Mittels, aber kleiner als die für Werte oberhalb des Mittels. Da für Blindwerte in der Regel nur eine obere Warn- und Kontrollgrenze gilt, ist diese im Vergleich zu Kontrollgrenzen für symmetrisch verteilte Werte zu klein.

Letzlich sind Warn- und Kontrollgrenzen Konventionen, an die man sich zu halten hat. Da aber die Kriterien, anhand derer „Außer-Kontroll-Situationen" festgestellt werden, aus der Statistik stammen und hier normalverteilte Werte vorausgesetzt werden, ist gerade bei der Überprüfung unsymmetrisch verteilter Blindwerte Vorsicht geboten.

Die sehr ähnlich aufgebauten Qualitätsregelkarten für Standards, Wiederfindungsraten, Streuungen und Blindwerte zeigen jeweils die sich aus einer aktuellen Meßserie ergebenden Werte an. Eine weitere Art von Qualitätsregelkarte bezieht den einer aktuellen Messung vorausgegangenen Wert mit ein. Es wird die Differenz zwischen einem Meßwert und seinem Vorwert gebildet und diese Differenzen über die Zeit aufsummiert. Die Qualitätsregelkarte für die Summe der Differenzen (cumulative sum oder kurz CUSUM) bezeichnet man als *CUSUM-Kontrollkarte*. Solange ein Meßverfahren in Kontrolle verläuft, schwanken die aufsummierten Differenzen um Null herum, da sowohl positive als auch negative Differenzen auftreten, die sich im Mittel ausgleichen. Mit Hilfe einer *V-Maske*, deren Öffnungswinkel von der Standardabweichung der Werte abhängt, läßt sich prüfen, ob Ausreißer vorliegen [9.6 und 9.7]. In Abb. 9-14 ist ein Fall aus der Praxis für einen Standard von Nitrat-Stickstoff dargestellt.

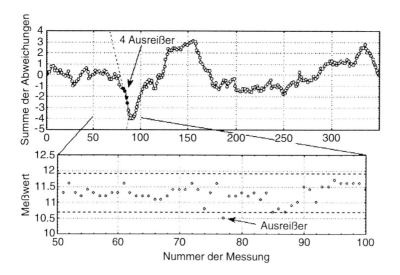

Abb. 9-14. CUSUM-Regelkarte für einen Standard mit einem Ausschnitt aus der Mittelwert-Kontrollkarte.

Entlang der dargestellten 350 Meßwerte tritt im Bereich zwischen Wert 50 und 100 ein ausgedehntes Minimum auf. Die V-Maske zeigt vier Ausreißer in der CUSUM-Kontrollkarte. In der zugehörigen Mittelwert-Kontrollkarte kann nur eine Unterschreitung der unteren Kontrollgrenze festgestellt werden (Wert 77). Beginnend mit dieser Unterschreitung liegen 13 Werte in Folge unterhalb des Mittelwertes oder auf ihm. Hierdurch entsteht in der CUSUM-Kontrollkarte ein ausgedehntes Minimum, an dessen abfallender Flanke Ausreißer auftreten.

In dem hier dargestellten Beispiel steht der zuständige Labormitarbeiter vor dem Problem, was zu tun ist. Wird nur die Mittelwert-Kontrollkarte geführt, tritt ein Ausreißer auf. Die Wiederholmessung liegt im „üblichen" Rahmen. Auch die Folgemessungen verletzen nicht die Kriterien für „Außer-Kontroll-Situationen". Da auch mehrfach der vorgegebene Mittelwert mit dem Standard wiedergefunden wurde, stellt sich die Frage, was man besser machen könnte.

Die aufgezeigten Beispiele und Erfahrungen aus der Laborpraxis haben gezeigt, daß Über-
oder Unterschreitungen von Kontrollgrenzen – drei von 1000 Meßwerten sind aus statistischen Gründen zulässig – in der Wiederholmessung nicht reproduzierbar sind, so daß sich hier
kein Handlungsbedarf ergibt. Bei mehr als sieben Werten in Folge oberhalb oder unterhalb des
Mittels kommt es vor, daß sich auch dann, wenn alle Reagenzien neu angesetzt und alle Geräte
gewartet und kalibriert werden, der Verlauf der Meßwerte nicht in gewünschter Weise ändert.
Wenn bewußt keine Maßnahmen nach sich abzeichnenden Trends ergriffen wurden, norma-
lisierten sich die Verläufe mehrerer Qualitätsregelkarten wieder.

9.4 Zeitreihenanalytische Untersuchung von Qualitätsregelkarten

Um Qualitätsregelkarten zu führen, wird eine Größe (z. B. die Konzentration eines Standards
oder die Wiederfindungsrate einer aufgestockten Substanz) entlang der Zeit gemessen. Diese
Meßwerte ergeben eine *Zeitreihe*, die im Idealfall einen konstanten Mittelwert und eine gleich-
bleibende Streuung aufweist. Man bezeichnet sie dann als *stationär*. Weiterhin müßten die Werte
in Qualitätsregelkarten bei idealem Verlauf zufallsbedingt streuen. In den Abschnitten 9.2 und
9.3 wurde dargestellt, wie aktuell geprüft wird, ob Trends vorliegen oder ob sich die Streuung
entlang der Zeit verändert. Um festzustellen, daß die Meßwerte ggf. nicht zufallsbedingt streuen,
bedarf es aufwendigerer statistischer Untersuchungen. Die *Zeitreihenanalyse*, ein Fachgebiet der
Statistik, stellt hierfür entsprechende Methoden zur Verfügung. Diese sind Gegenstand der
nachfolgenden Betrachtungen.

Ein wesentliches Instrument zur Beurteilung von Zeitreihen ist das menschliche Auge. Aus
der grafischen Darstellung der Meßwerte entlang der Zeit lassen sich schnell Besonderheiten erkennen, die Entscheidungen über das weitere Vorgehen erleichtern. Von den in Abb. 9-9 dargestellten Werten einer Qualitätsregelkarte wurde der über die Zeit konstante Mittelwert subtra-
hiert und der in Abb. 9-15 aufgezeigte Werteverlauf erhalten. Man kann deutlich erkennen, daß
es mehrfach Bereiche gibt, in denen Meßwerte sehr ähnlich sind, dann aber wieder spontan ihren
Schwerpunkt oder ihre Streuung ändern.

Qualitätsregelkarten bestehen aus Meßpunkten. Sie sind somit diskontinuierliche Zeitreihen.
Ein aktueller Meßwert kann – sollte es im Idealfall aber nicht – von seinem Vorwert abhängen.
Man spricht dann von einem *autoregressiven Prozeß* (häufig abgekürzt als AR). Weiterhin kann
ein Meßwert von der Streuung seines Vorwertes abhängen. In diesem Fall handelt es sich um
einen *Gleitmittel-Prozeß*, oft auch als *Moving-Average-Prozeß* oder kurz als MA-Prozeß bezeichnet. Um zu ermitteln, um welche Art Prozeß es sich handelt, oder ob eine Mischform vorliegt, ist die *Autokorrelationsfunktion* und die *partielle Autokorrelationsfunktion* zu berechnen.
Das Muster dieser Funktionen gibt Aufschluß über den zugrundeliegenden Prozeß [9.8].

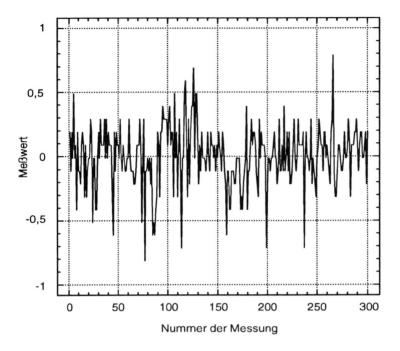

Abb. 9-15. Verlauf von 300 bereinigten Werten eines Standards für Nitrat-Stickstoff.

Unter *Korrelation* versteht man ein mathematisches Verfahren, um den Zusammenhang zwischen Wertepaaren zu quantifizieren [9.3]. Für normalverteilte Daten verwendet man als Maßzahl den PEARSON-Korrelationskoeffizient, der zwischen -1 und +1 liegen kann. Ein Zahlenwert von Null zeigt an, daß zwischen den betrachteten Größen kein Zusammenhang besteht, -1 ergibt sich für einen streng gegenläufigen und +1 für einen streng gleichlaufenden Zusammenhang. Korreliert man nicht die Paare verschiedener Größen miteinander, sondern eine Zeitreihe mit sich selbst, handelt es sich um eine Autokorrelation. Trivialerweise ist der Autokorrelationskoeffizient 1. Verschiebt man die Zeitreihe fortlaufend um jeweils einen Zeitschritt und berechnet die dazugehörigen Korrelationskoeffizienten, so ergeben diese Koeffizienten, aufgetragen über die Zeit, die Autokorrelationsfunktion. In Abb. 9-16 ist die Autokorrelationsfunktion für die in Abb. 9-15 aufgeführte Zeitreihe dargestellt. Die Korrelationskoeffizienten sind für jede Zeitverschiebung in Form von senkrechten Balken wiedergegeben. Die gestrichelten waagerechten Linien geben das *Signifikanzniveau* der jeweiligen Korrelationskoeffizienten an. Für die untersuchte Zeitreihe besteht bei ein und zwei Zeitverschiebungen jeweils ein signifikanter Zusammenhang.

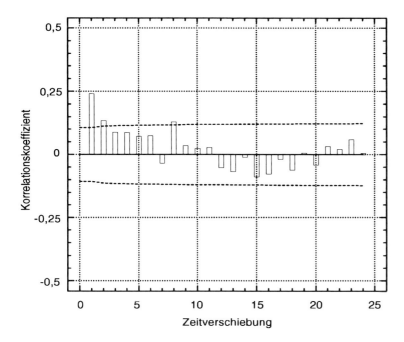

Abb. 9-16. Autokorrelationsfunktion für die Standards aus Abb. 9-15.

Während die Autokorrelationsfunktion direkt aus einer Zeitreihe berechnet wird, ist es zur Berechnung der partiellen Autokorrelationsfunktion erforderlich, eine Einflußgröße konstant zu halten (daher partielle Funktion) [9.8]. Die partielle Autokorrelationsfunktion veranschaulicht die Beziehung zwischen verschiedenen Beobachtungen einer Zeitreihe zu den vorhergehenden Beobachtungen, nachdem der lineare Einfluß von Autokorrelationen mit jeweils geringerer Zeitverschiebung herauspartitialisiert wurde. In Abb. 9-17 ist der Verlauf der partiellen Autokorrelationsfunktion für die Zeitreihe der Abb. 9-15 dargestellt. Hier fällt der Korrelationskoeffizient bereits nach der zweiten Zeitverschiebung unter das Signifikanzniveau. Aus den Mustern der Autokorrelations- und partiellen Autokorrelationsfunktion ergibt sich, daß ein rein autoregressiver Prozeß vorliegt, bei dem ein aktueller Wert nur von seinem direkten Vorwert abhängt. Es handelt sich also um einen AR(1)-Prozeß. Der Verlauf der Zeitreihe läßt sich beschreiben als

$$X(t) = AR(1) \cdot X(t\text{-}1) + \varepsilon(t)$$

$X(t)$ = Wert einer Zeitreihe zur Zeit t

$X(t\text{-}1)$ = Wert einer Zeitreihe zur Zeit t-1

$AR(t)$ = Faktor, mit dem der Wert $X(t\text{-}1)$ den Wert $X(t)$ mitbestimmt

$\varepsilon(t)$ = Anteil zufallsbedingter Streuung zur Zeit t

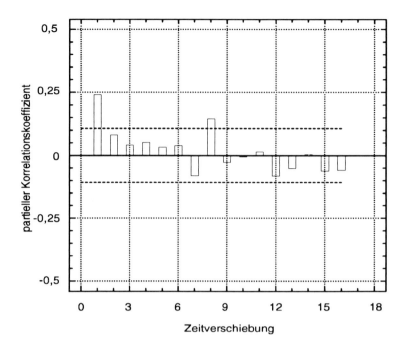

Abb. 9-17. Partielle Autokorrelationsfunktion für die Standards aus Abb. 9-15.

Rechnet man mit Hilfe eines statistischen Verfahrens, der BOX-JENKINS-Methode [9.9], den autokorrelativen Anteil aus der Zeitreihe aus und eliminiert ihn, so erhält man eine bereinigte Zeitreihe. Die Autokorrelationsfunktion dieser bereinigten Zeitreihe ist in Abb. 9-18 dargestellt. Sie zeigt keinen autoregressiven Anteil mehr.

Für die in diesem Kapitel verwendeten Daten der analytischen Größen CSB, Nitrat-Stickstoff und AOX wurden die autoregressiven Anteile berechnet. Sie sind in Tabelle 9.1 zusammengestellt. In allen drei Fällen hängen aktuelle Werte signifikant von ihren jeweiligen Vorwerten ab. Der Wert 0,244 für den Nitrat-Stickstoff besagt, daß ein Vorwert mit 24,4 % in einen aktuellen Wert mit einfließt. In der Praxis müssen offenbar niederfrequente Phasen im Verlauf der Meßwerte vorliegen, die sich über mehrere Messungen erstrecken und dann wechseln. Bei den Autoren, aber auch in der Literatur, liegen bisher zu wenige Erfahrungen vor, um Aussagen über die Ursachen machen zu können.

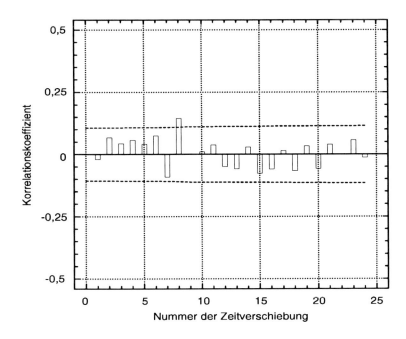

Abb. 9-18. Autokorrelationsfunktion für die Standards aus Abb. 9-15 nach Entfernung des autoregressiven Anteils.

Tab. 9-1. Zusammenstellung der Koeffizienten des AR(1)-Prozesses für die Größen CSB, Nitrat-Stickstoff und AOX.

Kenngröße	AR(1)
CSB	0,491
Nitrat-Stickstoff	0,244
AOX	0,175

Als Gegenstück zum Werteverlauf in Abb. 9-15, das aus der praktischen Qualitätssicherung stammt, ist in Abb. 9-19 die Ganglinie für 300 Zufallszahlen dargestellt. Auch wenn man mit dem Auge den Eindruck gewinnt, daß der Mittelwert unregelmäßig schwankt, werden die Zahlen durch keine autoregressiven Anteile beeinflußt. In Abb. 9-20 ist die Autokorrelationsfunktion für die Zufallszahlen dargestellt. An keiner Stelle treten signifikante Korrelationskoeffizienten auf.

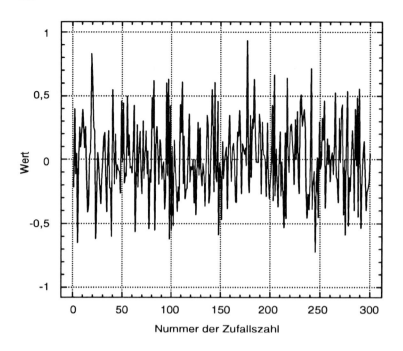

Abb. 9-19. Verlauf von 300 Zufallszahlen mit gleichem Mittelwert und gleicher Standardabweichung wie die Standards aus Abb. 9-15.

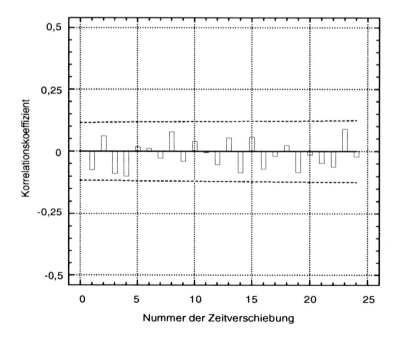

Abb. 9-20. Autokorrelationsfunktion der Zufallszahlen aus Abb. 9-19.

9.5 Ringversuchsauswertungen

Ringversuche gehören zu den wichtigsten Instumentarien der externen Qualitätssicherung. In mittelgroßen und großen analytisch arbeitenden Laboratorien, in denen mehrere Arbeitsgruppen gleiche Bestimmungen durchführen, lassen sich Ringversuche auch zur internen Qualitätssicherung nutzen. Zu den wesentlichen Informationen, die aus Ringversuchen gewonnen werden können, gehören

– Verfahrenskenngrößen zu Analysenverfahren,
– Streubereiche einzelner Teilnehmer und des Kollektivs sowie
– Abweichungen einzelner Teilnehmer vom Schwerpunkt der Daten.

Analysenergebnisse sollen richtig, genau und vergleichbar sein. Hierzu standardisiert man Untersuchungsverfahren und überprüft die laufenden Messungen mit verschiedenen Methoden der Qualitätssicherung. Der Hintergrund von Ringversuchen ist, daß mehrere Teilnehmer (z. B. verschiedene Laboratorien) nach dem gleichen, standardisierten Meßverfahren jeweils eine Teilprobe, die für alle Teilnehmer der gleichen Gesamtprobe entnommen wird, mehrfach untersuchen. Aus den Mehrfachbestimmungen (in der Praxis meist vierfach), die unter *Wiederholbedingungen* erstellt werden, lassen sich Streubereiche der einzelnen Teilnehmer ermitteln. Alle ermittelten Daten zusammen – sie werden über mehrere Teilnehmer unter *Vergleichsbedingungen* bestimmt – geben Einblick in die Streuung des Meßverfahrens.

Die im Rahmen von Ringversuchen gewonnenen Daten werden nach einem standardisierten Verfahren, der DIN 38402 Teil 41 (Planung und Organisation von Ringversuchen) und Teil 42 (Auswertung von Ringversuchen) [9.10], statistisch ausgewertet. Dabei wird vorausgesetzt, daß die Meßwerte normalverteilt sind. Mittels bestimmter Kriterien läßt sich überprüfen, ob Werte außerhalb vorgegebener Grenzen liegen und als *Ausreißer* deklariert und eliminiert werden müssen. Nachdem die Urdaten bereinigt sind (Entfernung von Ausreißern), können statistische Kenngrößen berechnet werden, die das Datenkollektiv zuverlässiger beschreiben als wenn alle Daten zu ihrer Berechnung herangezogen werden.

Es werden drei Typen von Ausreißern unterschieden. Ausreißer des Typs 1 liegen vor, wenn einzelne Analysenergebnisse eines Teilnehmers sich signifikant von den übrigen Ergebnissen des Teilnehmers unterscheiden. Alle Meßwerte eines Teilnehmers, dessen Mittelwert sich signifikant von den Mittelwerten der anderen Teilnehmer unterscheidet, bezeichnet man als Ausreißer des Typs 2. Unter Ausreißer des Typs 3 versteht man die Analysenergebnisse eines Teilnehmers, die übermäßig stark streuen. Ausreißer des Typs 1 und 2 werden mit Hilfe des *Ausreißertests* nach GRUBBS [9.11] ermittelt, Ausreißer des Typs 3 mittels des F-Tests.

Tab. 9-2. Zusammenstellung von Urdaten eines Ringversuchs zur Bestimmung von Quecksilber in Wasser nach [9.12].

LABOR	WERT1	WERT2	WERT3	WERT4	MITTEL
9	1,967	1,899	2,001	1,956	1,956
8	2,120	2,200	1,790	2,120	2,058
7	2,292	2,049	2,100	2,049	2,123
1	2,200	2,125	2,200	2,100	2,163
12	2,191	2,213	2,210	2,228	2,223
13	2,329	2,252	2,252	2,260	2,273
5	2,100	2,680	2,460	1,920	2,290
4	2,330	2,350	2,300	2,325	2,326
14	2,370	2,420	2,330	2,360	2,370
11	2,696	2,220	2,010	2,570	2,374
2	2,530	2,505	2,505	2,470	2,503
3	2,300	3,200	2,800	2,000	2,575
6	2,692	2,540	2,692	2,462	2,597
10	3,800	3,751	3,751	3,797	3,775

Nachfolgend ist ein Beispiel aus der Praxis aufgeführt, in dem von 14 Laboratorien Queck-silber-Bstimmungen in Wasser durchgeführt wurden [9.12]. In Tabelle 9.2 sind die Urdaten des Ringversuchs zusammengestellt. Abb. 9-21 zeigt die Ergebnisse der Auswertung nach DIN 38402 Teil42 [9.10] in grafischer Form.

In Abb. 9-21 sind auf der Abszisse die Nummern der Laboratorien aufgetragen, auf der Ordinate die Meßwerte. Die ungleichmäßige Folge der Laboratorien rührt daher, daß sie aufsteigend nach ihren Mittelwerten sortiert sind. Von den jeweils vier Messungen eines Labors liegen manche wertgleich übereinander, so daß nur drei Punkte zu sehen sind. Die Mittelwerte der einzelnen Laboratorien sind als "+" wiedergegeben.

Das Labor Nr. 8 weist einen Ausreißer des Typs 1 auf, da einer der vier Werte signifikant von den drei anderen abweicht. Die Werte des Labors Nr. 10 liegen alle weit außerhalb des übrigen Datenkollektivs und wurden als Ausreißer des Typs 2 eliminiert. Im Labor Nr. 3 wurden Werte bestimmt, die weit auseinanderliegen. Aufgrund ihrer Streuung wurden sie als Ausreißer des Typs 3 erkannt und eliminiert.

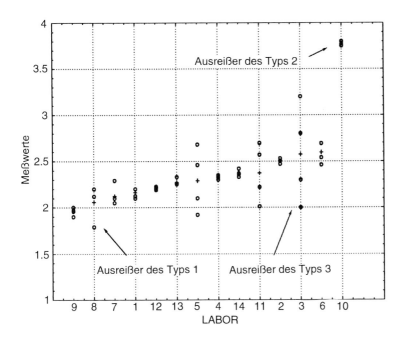

Abb. 9-21. Ergebnisse des Quecksilber-Ringversuchs nach [9.12] (+ Mittelwert ∘ Meßwert).

Ringversuche waren schon mehrfach Gegenstand von Publikationen. Es handelt sich um Erfahrungsberichte aus der Praxis [9.13 bis 9.15], um multivariate Anwendungen [9.16] sowie um Kritiken zu Effizienz der verwendeten Ausreißertests [9.17, 9.18]. Wie bereits erwähnt, wird in der Ringversuchsauswertung nach DIN 38402 Teil 42 [9.10] von normalverteilten Werten ausgegangen und die Eliminierung der Ausreißer darauf abgestimmt. Die statistischen Kenngrößen, die die Randbedingungen für den Ausreißertest festlegen (der Mittelwert und die Standardabweichung), enthalten zunächst die vermeintlichen Ausreißer und können durch sie so verschoben bzw. aufgeweitet werden, daß es nicht möglich ist, die Ausreißer effizient zu erkennen. Werden Ausreißer erkannt und eliminiert, ergibt sich ein kleineres (bereinigtes) Datenkollektiv, für das neue statistische Kenngrößen zu ermitteln sind. Diese neuen Kenngrößen können in einzelnen Fällen – abhängig von der Struktur der Daten – fehlerhaft sein, z. B. bei Daten, die aus mehr als einem Kollektiv bestehen.

Neben den Möglichkeiten zur Ringversuchsauswertung nach DIN 38402 Teil 42 – die Auswertungen sind kompliziert und aufwendig – gibt es robuste statistische Verfahren, die sehr einfach sind, mit zunehmender Effizienz aber mehr Rechenaufwand erfordern. Ihnen liegt der Gedanke zugrunde, daß alle Meßwerte gültig und keine Ausreißer sind. Ziel der Auswertung ist es, zuverlässige Kenngrößen für die bestimmten Meßwerte zu ermitteln und anhand dieser atypische Strukturen und Werte zu erkennen.

DAVIES [9.18] beschreibt mehrere alternative Möglichkeiten unterschiedlicher Effizienz. Die einfachste Kenngröße, die die mittlere Lage aller Meßwerte beschreibt ohne von Extremwerten beeinflußt zu werden, ist das *50-Perzentil*, oft auch als *Median* bezeichnet. Um die Streuung des Datenkollektivs zu beschreiben, berechnet man den Median der absoluten Differenzen zwischen Median und Einzelwert. Dies ist Variante 1.

Eine weitere Möglichkeit (Variante 2), die zuverlässigere Kenngrößen liefert, besteht darin, die Daten aufsteigend zu sortieren und ein Intervall, das halb so groß ist wie der Gesamtdatenumfang, über die aufsteigend sortierten Werte gleiten zu lassen. Für das Intervall mit der kleinsten Wertespanne wird der Median bestimmt und als mittlerer Wert des Datenkollektivs verwendet. Das Streumaß ergibt sich aus der Spannweite dieses Intervalls multipliziert mit einem Korrekturfaktor, den DAVIES [9.18] näher beschreibt. In Tabelle 9-3 sind für die Ringversuchs-Auswertung nach DIN 38402 Teil 42 [9.10] und die beiden oben angesprochenen robusten Verfahren statistische Kenngrößen zusammengestellt.

Tab. 9-3. Zusammenstellung der statistischen Kenngrößen für die Urdaten der Tab. 9-2.

statistische Kenngröße	Auswertung nach DIN 38402 Teil 42 [9.10]	robuste Statistik Variante 1	robuste Statistik Variante 2
mittlerer Wert	2,279	2,296	2,325
Streuung	0,212	0,186	0,286
Wiederfindung (%)	97,0	97,7	98,9
wahrer Wert = 2,35			

Aus Tab. 9-3 geht hervor, daß die Variante 2 der robusten Statistik den wahren Wert am besten in den Urdaten wiederfindet. Dies ist allerdings kein Beweis dafür, daß mit robusten statistischen Verfahren die wahren Werte am besten gefunden werden, da alle Werte systematisch vom wahren Wert abweichen können. Die Streuungen lassen sich nicht ohne weiteres miteinander vergleichen. Im Fall der Auswertung nach DIN 38402 Teil 42 [9.10] wird die Streuung der Werte durch die *Vergleichsstandardabweichung* beschrieben. Innerhalb des Intervalls Mittelwert +/- einer Standardabweichung liegen rund 67 % aller Werte, wenn sie normalverteilt sind. Die Streuung, die mit Hilfe der robusten Statistik, Variante 1, berechnet wurde, ist geringer als die Vergleichsstandardabweichung. Sie beschreibt die mittlere Differenz zwischen Meßwert und Median. Die Streuung, die sich aus der Variante 2 der robusten Statistik ergibt, ist vergleichbar mit der Standardabweichung. Sie beträgt für die 56 Meßwerte des hier diskutierten Beispiels 0,34 und wird mit Hilfe eines Korrekturfaktors von 0,84 (für 56 Werte) auf die Vergleichbarkeit mit der Standardabweichung zugeschnitten.

9.6 Literatur

[9.1]   Funk, W., Dammann, V. und Donnevert, G.: *Qualitätssicherung in der Analytischen Chemie*. Weinheim: VCH, 1992

[9.2]   Neitzel, V. und Middeke, K.: Zur Auswertung von Qualitätsregelkarten in der Wasseranalytik. In: *Vom Wasser* **81**, 327-340 (1993)

[9.3]   Sachs, L.: *Angewandte Statistik*. Berlin, Heidelberg, New York: Springer, 1974

[9.4]   Dörfel, K.: *Statistik in der analytischen Chemie*, 3. Auflage. Weinheim: VCH, 1984

[9.5]   Sachs, L.: *Statistische Methoden: Planung und Auswertung*, 5. Auflage. Berlin, Heidelberg, New York: Springer, 1988

[9.6]   Woodward, R. H. und Goldsmith, P. L.: *Cumulative Sum Techniques. Mathematical and Statistical Techniques for Industry*. Monograph No. 3. Edinburgh: Oliver and Boyd for ICI, 1972

[9.7]   Kemp, K. W.: The use of cumulative sums for sampling inspection schemes. In: *Applied Statistics* **11,** 16-31 (1962)

[9.8]   Chatfield, C.: *Analyse von Zeitreihen*. München: Hanser, 1982

[9.9]   Box, G. E. P. und Jenkins, G. M.: *Time Series Analysis, Forecasting and Control*. San Francisco: Holden-Day, 1976

[9.10] DIN 38402 Teil 41 Allgemeine Angaben - Ringversuche, Planung und Organisation (Mai 1984)
DIN 38402 Teil 42 Allgemeine Angaben - Ringversuche, Auswertung (Mai 1984)

[9.11] Grubbs, F. E. und BECK, G.: Extension of Sample Size and Percentage Points for Significance Tests of Outlying Observations. In: *Technometrics* **14,** 847-854 (1972)

[9.12] Dinkloh, L., Dammann, V., Dürr, W., Funk, W. und Krutz, H.: Statistische Auswertung von Ringversuchen in der Wasseranalytik. In: *Vom Wasser* **55**, 303-311 (1980)

[9.13] Blandfort, H., Buttstedt, R., Hemmrich, H.-J., Jung, H., Rinne, D., Trissler, K. und Waligorski, F.: Erfahrungsbericht über Ringversuche in der Wasserwirtschaftsverwaltung von Rheinland-Pfalz. In: *Z. Wasserr- Abwasser-Forsch* **20,** 168-173 (1987)

[9.14] Dürr, W., Dammann, V., Dinkloh, L., Funk, W., Krutz, H. und Vonderheid, C.: Vergleich von Auswerteverfahren für Ringversuche anhand realer Daten. In: *Vom Wasser* **57,** 283-288 (1981)

[9.15] Dörfel, K. und Michaelis, G.: Auswertung eines Ringversuchs im Spurenbereich. In: *Fresenius Z. Anal. Chem.* **328,** 226-227 (1987)

[9.16] Dörfel, K. und Zwanziger, H.: Zur multivariaten Auswertung von Ringversuchen. In: *Fresenius Z. Anal. Chem.* **329,** 1-6 (1987)

[9.17] Streuli, H.: Fehlerhafte Interpretation und Anwendung von Ausreißer-Tests, insbesondere bei Ringversuchen zur Überprüfung analytisch-chemischer Untersuchungsmethoden. In: *Fresenius Z. Anal. Chem.* **303,** 406-408 (1980)

[9.18] Davies, P. L.: Statistical evaluation of interlaboratory tests. In: *Fresenius Z. Anal. Chem.* **331,** 513-519 (1988)

10 Perspektiven

Wie in den vorangegangenen Kapiteln schon mehrfach erwähnt, wird, solange Analysenwerte gemessen werden, ein gewisses Maß an Qualitätssicherungsmaßnahmen begleitend durchgeführt. Solange die Art und der Umfang dieser Maßnahmen sowie deren Dokumentation nicht bindend vorgeschrieben ist, liegt es im Ermessen des Analytikers, die Qualität seiner Meßwerte abzusichern.

Der Grund, warum Analysen durchgeführt werden, ist ein Wissensdefizit. Jedes Untersuchungsergebnis gibt dem Analytiker Informationen, deren Zuverlässigkeit von der Qualität der Ergebnisse abhängt. Es ist erklärtes Ziel der Qualitätssicherung, zu gewährleisten, daß Analysenwerte richtig, genau, vergleichbar und somit allgemeingültig sind. Deshalb wurden Normen und Richtlinien zur QS erarbeitet und in Gesetzestexte integriert (siehe Kapitel 2 und 4). Ist damit getan was zu tun ist? Aus derzeitiger Sicht ist davon auszugehen, daß Theorie und Praxis qualitätssichernder Maßnahmen größtenteils bekannt bzw. erprobt sind. Man findet aber Defizite in deren Umsetzung.

Ein Betrieb oder ein Labor ist – vor allem in der heutigen Zeit – bestrebt, möglichst wirtschaftlich zu arbeiten (die Konkurrenz ist groß). Betrachtet man als Beispiel eine auftragsorientierte Arbeit, so ergibt sich der in Abb. 10-1 dargestellte qualitative Verlauf für den *Aufwand* und für den *Zugewinn* durch die QS-Maßnahmen.

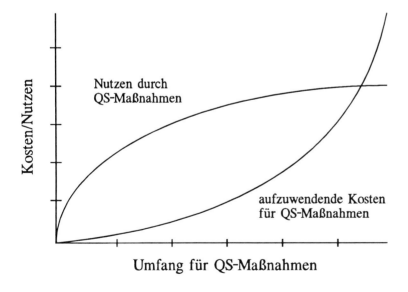

Abb. 10-1. Abhängigkeit der Kosten und des Nutzens qualitätssichernder Maßnahmen von deren Umfang.

Mit steigendem Umfang der QS-Maßnahmen steigen die dafür aufzuwendenden Kosten überproportional an. Der Zugewinn an Qualität, also der *Nutzen*, verhält sich entgegengesetzt. Er steigt mit einsetzenden Maßnahmen zunächst stark an, flacht aber mit steigendem Umfang der QS-Maßnahmen zunehmend ab. Als Superposition beider Funktionen ergibt sich eine Kurve, die mit zunehmendem Umfang der QS-Maßnahmen monoton ansteigt, ein Maximum erreicht und anschließend abfällt. Somit existiert ein *optimaler Umfang* an QS-Maßnahmen, für den der Nutzen pro Kosten größtmöglich ist.

Im Sinne einer wirtschaftlichen Arbeit ist es wichtig, durch qualitätssichernde Maßnahmen (Aufwand und Kosten) den produzierten „*Ausschuß*", der auch in der Analytik vorkommt, zu minimieren (Produktionssteigerung). Mit zunehmendem Aufwand wird der adäquate Nutzen kleiner und es gibt einen Punkt, ab dem die Kosten den Nutzen übersteigen. Es ist relativ einfach, für Produkte und Dienstleistungen mit konkretem *Marktwert* den optimalen Punkt für den Umfang der QS-Maßnahmen zu finden. In der Analytik ist dies erheblich schwieriger, da ein Analysenwert, der mit einem bestimmten Verfahren gemessen wird, einen sehr unterschied-lichen „Marktwert" haben kann. Wenn aufgrund eines *Fehlwertes* mehrere Tonnen verkauften Edelstahls zurückgenommen und neu eingeschmolzen werden müssen, ist der Verlust für die Firma erheblich größer, als ein mit dem gleichen Analysenverfahren bestimmter falscher Meß-wert, in einer Versuchsreihe. Paßt dieser nicht in das Datenkollektiv, wird er wiederholt.

Sofern ein Laboratorium akkreditiert ist, gehört ein vorgeschriebener *Mindestumfang an QS-Maßnahmen* zur Laborarbeit. Daneben gibt es auch Arbeitsgebiete, die keine Akkreditie-rung, wohl aber eine Zulassung von behördlicher Seite erfordern. Die zugrundeliegenden Ge-setze schreiben einen Mindestumfang an qualitätssichernden Maßnahmen vor. Oft gehen die Behörden, die ein Labor vor seiner Zulassung überprüfen, über die minimalen Anforderungen hinaus. Es ist dann möglich, daß das betreffende Labor nicht mehr im wirtschaftlich günstigsten Bereich arbeitet.

Viele Laboratorien arbeiten auftragsorientiert. Sie müssen die entstehenden Kosten für den gesamten Laborbetrieb auf die Analysenpreise umlegen, also auch die Aufwendungen für die Qualitätssicherung. Für selten gebrauchte Analysenverfahren ergibt sich, bezogen auf die Ana-lysenzahlen oft ein relativ hoher Aufwand für die Qualitätssicherung. Wenn die entsprechenden Kosten real auf die Analysen umgelegt werden, sind die sich ergebenden Analysenpreise unver-hältnismäßig hoch und beeinträchtigen die Konkurrenzfähigkeit. Renommierte Laboratorien bie-ten dennoch eine vertretbare Zahl an „unwirtschaftlichen" Analysenverfahren an und legen die Kosten anteilig auf gewinnbringendere Methoden um.

Ein nicht zu unterschätzender Vorteil einer konsequenten Qualitätssicherung liegt in einigen formalen Abläufen und Regelungen. So ist beispielsweise die *Vertretung im Urlaubs- und Krankheitsfall* zu regeln. Die vertretenden Mitarbeiter sind mit den Arbeitsgängen, die sie aus-zuführen haben, vertraut, und können die Analytik „reibungslos" weiterbetreiben. Die sonst oft anfallenden zeitaufwendigen Übergaben und Erklärungen beschränken sich auf ein Minimum.

Im Rahmen der Qualitätssicherung ist vorgeschrieben, daß die Mitarbeiter ihre Kenntnisse über die Analytik und vor allem die begleitenden qualitätssichernden Maßnahmen auf dem aktuellen Stand halten. Der Arbeitgeber muß für *Schulungs-* und *Weiterbildungsmaßnahmen* sorgen. Hierzu bieten sich sowohl interne als auch externe Maßnahmen an. Nach Meinung der Autoren ist es aber nicht vertretbar, jeden Mitarbeiter regelmäßig auf entsprechende Seminare zu schicken, da der Kostenaufwand (Gebühren, Reisekosten) und die fehlende Arbeitszeit die Analysenkosten in astronomische Höhen treiben würde. An Weiterbildungsmaßnahmen bieten sich an

- Seminare (z. B. in technischen Akademien) und Fachveranstaltungen,
- Firmenbesuche,
- Messebesuche (die oft die Teilnahme an Fachvortägen ermöglichen),
- Produktvorführungen im Labor durch externe Firmen,
- regelmäßige laborinterne Besprechungen über Themen zur Qualitätssicherung,
- Mitarbeit in der laborinternen QS-Arbeitsgruppe und
- laborinterne Kolloquien.

Die kostenaufwendigen Besuche externer Veranstaltungen sollten sich auf leitende und in Verantwortung stehende Mitarbeiter beschränken. Diese können das erworbene Wissen an ihre Mitarbeiter im Rahmen regelmäßiger Besprechungen und Kolloquien weitergeben. Als positiv haben sich auch *In-House-Vorführungen* externer Firmen erwiesen, die nicht nur ihre neuen Produkte vorstellen, sondern auch auf Handhabungen und technische Interna eingehen und dem Laborpersonal Rede und Antwort stehen.

Wie bereits erwähnt, sind die theoretischen Grundlagen der Qualitätssicherung weitgehend erforscht und beschrieben. Derzeitige Aktivitäten auf diesem Gebiet betreffen vor allem die praktische Anwendung der Maßnahmen. Da viele Laboratorien danach streben, sich akkreditieren zu lassen, um auf dem Markt konkurrenzfähig zu sein, wird hier, wie in anderen technischen Bereichen, ein Standard an QS-Maßnahmen entstehen. Dieser mag zukünftig zur qualifizierten Laborarbeit gehören.

Sofern ein Labor danach strebt, eine *behördliche Zulassung* für bestimmte Untersuchungen zu erhalten, stehen hier viele Aspekte der Qualitätssicherung im Vordergrund. Das betreffende Laboratorium muß zunächst einen Antrag auf Zulassung stellen. Die zuständige Behörde wendet sich daraufhin an das Labor mit einem Fragebogen über

- das Personal (Qualifikation und Berufserfahrung),
- die Geräteausstattung,
- den Umfang der Meßgrößen,
- ein vorhandenes Qualitätssicherungshandbuch und
- durchgeführte QS-Maßnahmen.

Nach Rücklauf der Fragebögen wird ein Termin für die notwendige *Laborbesichtigung* vereinbart und anläßlich der Begehung Einzelheiten besichtigt und diskutiert. Eine ausführliche Beurteilung der Arbeitsweise ist aus Zeitgründen meist nicht möglich. Große Bedeutung hat in jedem Fall das QS-Handbuch, dessen Inhalt im Detail besprochen wird. In der folgenden Laborbegehung erfolgt die Kontrolle

- des Gerätebestandes,
- der Gerätebücher,
- der Kontrollkarten,
- der Arbeitsanweisungen,
- der Dokumentation und
- der praktizierten Archivierung aller Daten und Unterlagen.

Anschließend werden die ggf. gefundenen Mängel diskutiert. Die Behörde erteilt, nachdem die Ergebnisse ausgewertet sind, schriftlich die *Zulassung/Nichtzulassung* mit eventuell notwendigen Nachbesserungen und entsprechenden Terminen dafür.

Die heutige Laborarbeit ist geprägt durch einen hohen Automatisierungsgrad. Dadurch fallen erhebliche Datenmengen an, die vom sachkundigen Laborpersonal zu beurteilen sind. Derzeit ist die rechnergestützte Datenverarbeitung fester Bestandteil der Laborarbeit. Es liegt nahe, daß die im Rahmen der Qualitätssicherung anfallenden Daten ebenfalls rechnergestützt verarbeitet werden. Die Hersteller von Meßgeräten statten zunehmend die *Gerätesoftware* mit Modulen zur Unterstützung der Qualitätssicherung aus.

Eine andere Entwicklung betrifft laborübergreifende Datenverwaltungs-Software, die, wie in Kapitel 8 beschrieben, als Labor-Informations- und -Management-System bezeichnet werden. Solche Systeme sind das wirkungsvollste Instrument zur rechnergestützten Verarbeitung von QS-Daten. Jedes renomierte Sytem stellt dem Benutzer ausreichende QS-Funktionalitäten zur Verfügung. Oft ist der primäre Zweck eines LIM-Systems, die Qualitätssicherung zu unterstützen.

Werden beide rechnergestützten Möglichkeiten zur Unterstützung der Qualitätssicherung – die Gerätesoftware und das LIM-System – in einem Labor eingesetzt, ist es wichtig, beide Systeme zu koppeln. Dabei muß entschieden werden, welcher Teil der Qualitätssicherung von welchem System zu bearbeiten ist. Sinnvollerweise sollten Daten zur Kalibierung eines Meßgerätes und die Rohdaten (z. B. Spektren und Chromatogramme) beim Meßgerät bleiben, Blindwerte, Standards und andere Daten für Qualitätsregelkarten dagegen in das LIMS übertragen werden. Hier stehen allen zugangsberechtigten Personen die notwendigen Informationen jederzeit zur Verfügung (z. B. Qualitätsregelkarten zu einem Meßverfahren).

Register